# 著者简介

**大久保隆夫**

日本信息安全研究生院大学（Information Security University）信息安全研究系主任、教授。曾任职于富士通研究所，从事逆向工程、分布式开发环境和应用安全方面的研究。后于信息安全研究生院大学取得信息学博士学位，目前在该校担任教授并从事系统安全相关研究。合著有《图解版 一本书完全掌握安全基础》（SB Creative，2017年）。

双色
图解

**60 讲**

⊕ 从密码管理到钓鱼陷阱识别

# 秒懂网络安全

〔日〕大久保隆夫 著

吴韶波 刘辰珅 译

科学出版社

北京

图字：01-2025-1670号

# 内 容 简 介

互联网已深度融入社交、金融、智能家居等领域，每个人都面临网络威胁。本书面向非专业人员讲解网络安全知识，旨在帮助普通用户有效防范网络攻击。

全书共 5 章，以生活化的视角展开：通过存款被盗取、勒索软件攻击、公共交通系统攻击等案例，揭示网络威胁的危害性；解析社会工程学、网络钓鱼、恶意软件等攻击手段，拆解黑客"欺骗"逻辑；聚焦保密性、完整性、可用性等安全要素，深入讲解认证、授权、加密等基础技术；立足防护实践，介绍密码管理、漏洞修复、安全测试与异常检测；剖析 SQL 注入、缓冲区溢出等攻击原理，深化读者对攻防本质的理解。

本书适合对网络安全感兴趣的普通读者，可用于青少年科普和科学教育。

**图书在版编目（CIP）数据**

秒懂网络安全 / （日）大久保隆夫著 ；吴韶波，刘辰珅译. -- 北京 : 科学出版社，2025. 6. -- ISBN 978-7-03-082117-1

Ⅰ. TP393.08-49

中国国家版本馆CIP数据核字第2025K0S601号

责任编辑：喻永光 杨 凯 / 责任制作：周 密 魏 谨
责任印制：肖 兴 / 封面设计：武 帅

**科 学 出 版 社** 出版

北京东黄城根北街16号
邮政编码：100717
http://www.sciencep.com

北京中科印刷有限公司印刷

科学出版社发行 各地新华书店经销

\*

2025年6月第 一 版 开本：880×1230 1/32
2025年6月第一次印刷 印张：5 1/4
字数：130 000

定价：58.00元

（如有印装质量问题，我社负责调换）

# 前　言

自 20 世纪 90 年代以来，互联网迅速普及，已成为我们生活中不可或缺的重要基础设施。就像电力、天然气和自来水一样，信息通信同样与我们的生活息息相关。人们通过智能手机使用社交媒体、与家人和朋友保持联系，或在网店购买所需物品……如今，几乎没有人完全不使用这些信息通信功能。然而，互联网在为我们的生活带来便利的同时，也使我们**暴露于网络攻击的风险之下**。

提到网络安全，许多人可能认为这是专业人士才需要深入理解的领域。然而，所有使用互联网的人都时刻面临着来自某个地方、某个人的攻击风险。本书是为非专业人士编写的，旨在普及**那些通过智能手机使用社交媒体，或在工作和学习中使用计算机的普通人，为了降低风险而应了解的一些基本知识**。

很多人可能知道一些广为人知的安全措施，如"不使用简单的数字或字母作为密码，也不重复使用密码""操作系统有更新时必须及时更新"。然而，对于"密码是如何被破解的，以及破解需要多长时间""为什么定期会有更新文件发布，不更新会有什么危险"等问题，真正了解的人并不多。如果能够掌握这些知识，就能更好地保护自己。

本书将首先确认我们需要对抗的网络攻击究竟是什么，并探讨实际发生过的损害，随后逐步介绍网络安全的基本概念和代表性技术。本书的最终目标是**让普通用户掌握足够的**

**知识**，因此，如果你是为了考试等目的而寻求更深入的安全知识学习，建议参考更专业的书籍。

相反，对于希望将安全知识视为常识来学习的人士，或对普通员工安全培训内容感到困惑的安全保护负责人，本书是非常合适的。此外，对于刚开始使用智能手机或计算机的学生及其家长，本书也值得推荐。

尽管网络犯罪和信息泄露事件，常常是复杂的程序攻击等黑客行为导致的，但大多数是普通用户或员工的小失误或习惯所引发的。只要**每个人稍微改变意识和行为，就可以在很大程度上预防事故的发生**。如果你在读完本书后，能重新审视身边的网络安全问题并付诸行动，笔者会感到非常高兴。

## 本书重点

· 作为普通用户，应该掌握的网络安全知识。

· 减少给网络攻击者可乘之机的方法和理念。

· 网络安全的基本术语和技术认知。

## 读者对象

· 日常生活中使用智能手机的学生和上班族。

· 在学校或公司使用计算机的学生和上班族。

· 已经决定进入 IT 企业就职或转职的人士。

· 负责为普通员工举办安全培训的 IT 部门员工。

- 需要教导孩子安全使用智能手机或平板电脑的家长和教师。

- 曾尝试阅读其他网络安全入门书籍，但因难度过高而放弃的人。

## 本书结构

- 第 1 讲　为什么需要网络安全？

- 第 2 讲　了解网络攻击手段

- 第 3 讲　网络安全的基本概念

- 第 4 讲　了解保护信息安全的技术

- 第 5 讲　网络攻击的原理

在**第 1 讲**中，我们将介绍由网络攻击导致的典型受害案例。在**第 2 讲**中，我们会简要讲解网络攻击是如何进行的及其具体手段。在**第 3 讲**中，我们将定义"网络安全"，并阐述其基本概念。在**第 4 讲**中，我们会介绍实现安全状态的具体技术，如加密机制等。在**第 5 讲**中，我们将选取几种典型的网络攻击手段，解释其机制和防御方法。

> **说　明**
>
> 从中国的实际情况出发，译者对本书部分内容进行了适应性调整。

# 目　录

## 第1讲　为什么需要网络安全？

第1讲　日常生活正在融合网络空间 …………… 002

第2讲　存款通过网络被盗取 ………………… 004

第3讲　挟持计算机，索要赎金 ……………… 006

第4讲　客户个人信息泄露 …………………… 008

第5讲　公共交通系统遭受攻击 ……………… 010

第6讲　无法网购 ……………………………… 012

第7讲　心脏起搏器被非法操控 ……………… 014

专栏1　远程办公的安全措施 ………………… 016

## 第2讲　了解网络攻击手段

第8讲　攻击始于欺骗 ………………………… 018

第9讲　典型手段①：社会工程学攻击 ………… 020

第10讲　典型手段②：网络钓鱼攻击 ………… 024

第11讲　典型手段③：恶意软件攻击 ………… 026

第12讲　什么是黑客攻击？ …………………… 030

第13讲　什么是安全漏洞？ …………………… 032

专栏2　感染了恶意软件怎么办？ …………… 035

第 14 讲　利用安全漏洞的攻击 ················· 036

第 15 讲　支撑互联网的协议 ·················· 038

第 16 讲　TCP/IP 带来的优点和缺点 ·········· 042

**专栏 3　如何选择安全软件?** ················· 044

## 第3讲　网络安全的基本概念

第 17 讲　信息安全与网络安全 ················ 046

第 18 讲　CIA:保密性、完整性、可用性 ······· 050

第 19 讲　保密性 ··························· 052

第 20 讲　完整性 ··························· 054

第 21 讲　可用性 ··························· 056

第 22 讲　什么是认证? ····················· 058

第 23 讲　认证的类型 ······················ 060

第 24 讲　认证与授权的区别 ················· 063

第 25 讲　授权的类型 ······················ 065

第 26 讲　加密究竟是什么? ················· 068

第 27 讲　什么是监控? ····················· 070

**专栏 4　网络安全领域常见的资格认证** ············ 073

第 28 讲　检测并拦截攻击 ··················· 074

第 29 讲　管理组织和人员 ··················· 076

第 30 讲　法律与制度约束 ··················· 078

第 31 讲　什么是最小权限？ ················ 080

第 32 讲　多层防御与多重防御 ·············· 082

第 33 讲　威胁分析 ························ 084

第 34 讲　仅依赖隐藏不足以保障安全 ·········· 087

## 第4讲　了解保护信息安全的技术

第 35 讲　通过加密来保护通信安全 ············ 090

第 36 讲　现代密码学的机制 ················ 092

第 37 讲　常见的加密技术 ·················· 094

第 38 讲　密码是否永远无法破解？ ············ 096

第 39 讲　防止外部篡改的设备 ·············· 098

第 40 讲　信任链与信任根 ·················· 100

第 41 讲　什么是安全操作系统？ ············· 102

第 42 讲　安全漏洞测试 ···················· 104

专栏 5　个人信息与特定个人信息 ············· 107

第 43 讲　黑盒测试的方法 ·················· 108

第 44 讲　端口扫描 ························ 110

第 45 讲　恶意软件检测 ···················· 114

第 46 讲　常见的网络攻击检测技术 ············ 116

专栏 6　网络结构与防御系统 ················ 118

# 第5讲　网络攻击的原理

第 47 讲　大家都想放弃密码认证 ·················· 120

第 48 讲　穷举攻击················· 122

专栏 7　改密码为什么这么麻烦？ ·············· 125

第 49 讲　字典攻击················· 126

第 50 讲　撞库攻击················· 128

第 51 讲　DoS 攻击与 DDoS 攻击 ·············· 130

第 52 讲　DDoS 攻击的对策 ·············· 133

第 53 讲　什么是注入攻击？ ·············· 135

专栏 8　"等到需要时再学习"就太晚了 ·············· 138

第 54 讲　数据库和操作系统使用的语言 ·········· 139

第 55 讲　注入攻击的原理 ·············· 141

第 56 讲　注入攻击的防御措施 ·············· 144

第 57 讲　内存破坏攻击 ················ 147

第 58 讲　使缓冲区溢出①：异常终止 ············ 149

第 59 讲　使缓冲区溢出②：地址的改写 ········· 151

第 60 讲　缓冲区溢出攻击的防御措施 ··········· 153

后　记 ·················· 155

# 第 **1** 章 为什么需要网络安全?

很多人认为网络安全是专业人士才需要了解的领域,但实际上,普通用户也应对网络安全有一定的认知。在这里,我们将首先阐述普通用户需要了解网络安全的原因,然后介绍一些身边常见的受害案例。

# 第 1 讲 日常生活正在融合网络空间

　　2000 年之后出生的人士，可能很难想象过去：想要查找信息，只能去图书馆借助纸质书籍进行查询；如果迷路了，只能去警察岗亭请求帮助；而且很难与外出的人实时取得联系。

　　现在，所有这些行为都可以通过一部智能手机完成，我们身边的各种事物都与**互联网**相连，生活与网络空间紧密融合。不仅如此，家电、汽车，甚至水、电、天然气等的社会基础设施也都开始联网。每个设备和系统都在利用互联网实现实时信息共享，或者根据这些信息控制终端设备。这种将身边的各种物品联网的机制被称为**物联网**（internet of things，**IoT**）。

遗憾的是，福祸相依，并非一切都是积极的。设备和系统联网意味着它们能够通过网络进行通信。这也意味着它们**可能会受到恶意攻击，实际上已经出现了这样的案例**。近年来，针对水电设施的攻击已成为热点话题，而在社会基础设施联网之前，这样的事件是不存在的。

既然我们的生活各个方面都依赖互联网，那么我们就无法置身于网络安全之外。你可能会觉得"网络安全是专业人士的事情"，但即使是普通人在工作或生活中使用智能手机或计算机，也有必要了解一些基本知识，以保护自己、家人和公司的财产。

本书将围绕大家应该了解的网络安全知识展开，以帮助大家妥善保护自己。首先，为了理解**为何安全至关重要，让我们来看一些实际的受害案例和攻击事件**。

# 第 2 讲 存款通过网络被盗取

通过互联网，恶意第三方对他人造成损害的行为被称为**网络攻击**。一个常见的网络攻击案例是**网络银行的非法转账**。

**网络银行**是指利用互联网进行金融交易的系统，由银行等金融机构提供。用户可以通过访问银行的网站或 APP 来查看账户余额，进行转账或汇款等操作。

随着网络银行的普及，越来越多的银行开始取消纸质存折，仅通过电子存折进行运营。由于用户无须通过银行柜台或 ATM 机办理各种手续，非常便捷。

　　然而，网络银行非常便捷的同时，它也成为**网络攻击**的理想目标。例如，出现了许多这样的案例：用户明明没有进行转账操作，却发现自己账户里的钱被转到了某个陌生账户。

　　2021 年，NTT 都科摩公司（Docomo）电子支付服务"d支付"发生了盗刷事件，总损失金额高达约 1800 万日元。

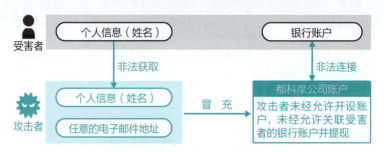

▲ 都科摩公司账户非法提现事件的概要

　　在这个案例中，攻击者首先非法获取了受害者的个人信息。接着以受害者的名义开设都科摩公司账户，并将其与受害者的银行账户关联起来。

　　为什么攻击者能够做到这一点呢？原因在于，开设都科摩公司账户只需要本人的姓名和电子邮件地址，而没有进行身份验证的机制。也就是说，**完全陌生的人也可以随意开设账户**。攻击者利用这一机制，非法将受害者银行账户的资金转移到了自己的都科摩公司账户。

　　针对网络银行的攻击，主要通过**网络钓鱼攻击**的形式进行。关于网络钓鱼攻击，详见第 10 讲。

# 第 3 讲 挟持计算机，索要赎金

在网络世界中，也存在类似于现实世界"绑架人质并索要赎金"的犯罪行为，这就是**勒索软件**（ransomware）攻击。其中，"勒索"（ransom）的目的就是"赎金"。

勒索软件会**挟持计算机**，索要赎金。一个典型的例子是 2017 年全球大流行的 WannaCry 勒索软件，感染了全球超过 150 个国家的 23 万台计算机，引发了巨大的危机。

当计算机感染勒索软件后，屏幕上会显示类似下图中的画面。画面上会显示"您的计算机（PC）文件已被加密"的类似警告，同时还会显示"希望恢复的付款或比特币发送地址"。

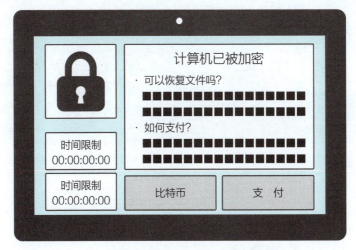

▲ 感染勒索软件的终端屏幕示例

为了防止被感染，需要采取诸如**"不轻易打开来自陌生地址的邮件附件"**和**"不启用宏[①]"**等措施。此外，为了以防万一，**建议定期备份重要数据**。有了备份，即使原文件被损坏，也可以恢复。

勒索软件会要求支付赎金以换取文件恢复，但建议不要屈服于这种要求。如果遭受攻击，应及时报告相关部门。

勒索软件不断进化，至今仍然是一个巨大的威胁。

---

[①] 宏是指在 Word、Excel 等软件中内置的，能够自动化复杂处理的功能。通常情况下，宏处于关闭状态。

# 第 4 讲 客户个人信息泄露

身边的网络攻击受害案例 /// ☑个人信息泄露 ☑管理体制不完善

　　网络购物少不了进行会员注册。注册时输入地址、姓名、信用卡卡号等信息，存储之后再次使用时就无须重复输入，非常方便。

　　许多服务都会收集并保存客户信息。然而，这些信息可能会因网络攻击而泄露，给客户带来诸如**信用卡被盗刷**等损害。

　　2021 年，Facebook 公司（现更名为 Meta 公司）承认超过 5.5 亿用户的个人信息发生泄露。原因是攻击者利用 Facebook 提供的某些功能，能够收集第三方的信息。

这种"被攻击者恶意利用的系统缺陷"被称为**安全漏洞**。正如 Facebook 的例子所显示的那样，攻击者会针对这些漏洞发起攻击。关于加强安全性的内容，我们将在第 13 讲详细说明。

个人信息泄露可能是利用漏洞的攻击或第 9 讲提到的社会工程学攻击所导致的。然而，要注意的是，与遭受网络攻击相比，**个人信息泄露更多是信息管理不善引发的**。

例如，经常有人将装有纸质文件或设备的包遗忘在火车上，导致数据被带走并泄露。此外，由于管理疏忽，如将密码写成便签再贴在设备上，导致第三方入侵系统的例子也屡见不鲜。

携带包含客户信息的 U 盘外出，不小心遗失

ID 和密码被写在便签上，并贴在设备上

▲ 设备遗失或密码管理不善导致的信息泄露

《中华人民共和国个人信息保护法》对客户个人信息进行严格保护，防止泄露，其中包括确立个人信息处理规则、规范敏感个人信息处理、明确个人在信息处理活动中的权利、强化个人信息处理者的义务、严格限制个人信息跨境提供等规定。此外，《中华人民共和国消费者权益保护法》等法律也对消费者个人信息保护作了规定，要求经营者不得过度收集消费者个人信息，应当依法保护消费者的个人信息，保障消费者在个人信息处理活动中的知情权、决定权等 [1]。

---

[1] 结合中国有关法律法规和实际情况，此处根据原文意思做了适应性修改。——译者注

# 第 5 讲 公共交通系统遭受攻击

　　在电视剧和电影中，我们有时会看到"通过网络攻击对公共汽车、火车或轿车进行黑客入侵并夺取控制权"的情节。这种场景在现实中是否可能发生呢？幸运的是，截至 2023 年，尚未出现此类事件。然而，针对铁路公司的网络攻击曾发生过不止一起，并且已经造成了实际损害。

　　例如，2016 年，美国旧金山市营<u>地铁系统的车站终端和售票机被勒索软件感染，导致售票机停止工作，列车被迫免费运行</u>。据报道，攻击者索要 7.3 万美元的赎金但未能得逞。

除了上述事件，2017 年，德国和日本的铁路公司（如东日本旅客铁路公司）的计算机也曾感染 WannaCry 勒索病毒（参考第 3 讲）。WannaCry 勒索病毒不仅攻击了铁路公司，还同时对各种组织发动攻击，并索要相当于 300 美元的赎金。在东日本旅客铁路公司的案例中，虽然发现车站内**用于互联网搜索的终端被感染**，但这些终端并未连接到运营网络，因此对列车运行没有造成影响。

不仅铁路，汽车也可能成为攻击的目标。通过有线或无线网络，**利用汽车的安全漏洞来夺取控制权**是可能的，这在黑客会议[①] 等场合已多次被公开披露。在重现黑客攻击的视频中，可以看到车辆的方向盘被控制，即使驾驶员没有触碰方向盘，汽车也会左右移动。如果方向盘或油门的控制权被剥夺，驾驶员将无法按自己的意愿驾驶，可能会偏离车道、突然加速或减速，从而增加发生事故的危险性。

由此可见，对公共交通工具发动网络攻击，不仅会影响日常生活的出行，还**可能导致人身事故**等实际损害。

截至 2023 年，尚未出现网络攻击导致的公共交通工具物理损害。此外，铁路等运营系统的网络通常不与外部连接，因此网络攻击相当困难。尽管如此，也不能完全排除未来发生此类事件的可能性。可见，平时关注有关安全的信息，并思考可能发生什么样的事故，是非常重要的。

---

① 白帽黑客（参考第 12 讲）对产品未被发现的漏洞等进行调查后发布结果的会议。在美国举办的 DEF CON 和 BlackHat 是其中比较著名的会议。

# 第 ⑥ 讲　无法网购

**身边的网络攻击受害案例** ///　　　☑DoS 攻击　☑服务器

　　如今，不仅书籍，生活用品和家电也可以网购。通过智能手机下单，有些商品甚至可以当天送达。通过网店等互联网服务购物已经成为很多人的生活习惯。

　　然而，这些**网店和服务无法使用的情况时有发生**。一个原因是**拒绝服务（denial of service，DoS）攻击导致服务器宕机，无法访问**。

▲ DDoS 攻击的结构

**DoS 攻击**是网络攻击的典型代表，也被称为**服务干扰攻击**。这种攻击通过向目标服务器施加负荷，使网络或处理能力过载，从而导致服务器无法访问或宕机。常见的施加负荷的方法包括发送大量邮件的**邮件炸弹**，以及通过不断按快捷键 F5 刷新网页的**F5 攻击**。

DoS 攻击可以通过切断大量访问来源的方式来防御。然而，如果攻击来源过多，情况就会变得复杂。当大量终端同时发起 DoS 攻击时，这种攻击被称为**分布式拒绝服务（distributed denial of service，DDoS）攻击**——单靠切断特定通信无法有效防御。

DDoS 攻击的典型案例之一是 2022 年针对云服务商的攻击。在这次攻击中，DeepL、Discord、Spotify 等许多知名服务出现了暂时无法连接的情况。

DoS 攻击导致的服务器宕机不仅会给用户带来不便，还会使服务商**错失商机，并可能带来直接的经济损失**。此外，在某些情况下，还可能**导致品牌形象受损**。关于 DoS 攻击的详细内容，我们将在第 51 讲进行深入说明。

# 第 7 讲 心脏起搏器被非法操控

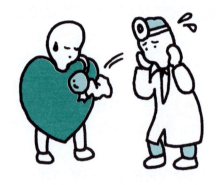

　　随着联网医疗设备的增多，即使医生不在现场，也可以确认患者的状态并进行远程诊疗。虽然这带来了便利，但与 IT 系统和物联网设备一样，医疗设备遭受网络攻击的风险也在增加。医疗设备遭受攻击时，<u>可能造成的损害极为严重</u>。

　　2008 年，有研究者在学术会议上报告，可以对某些心脏起搏器和植入式心脏除颤器（ICD）进行攻击，从而**更改患者信息、医疗记录和设备设置**。这些机型可以通过网络远程访问和更改这些信息或设置。攻击者正是利用这一点，获取信息并进行非法的设置更改。

患者信息被篡改，可能会导致管理 ICD 的医生误诊。此外，更改设备设置，可能引发意外的误动作，从而危及患者的生命。

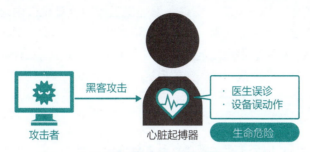

▲ 攻击者对医疗设备的非法操作

此外，2012 年，有研究者在学术会议上报告，通过网络攻击心脏起搏器和 ICD，可以使这些设备**输出高达 830V 的电压**。根据东京技能者协会的说法，**人体的安全电压为 25 ~ 50V**，因此 **830V 是一个极其危险的数值**。

幸运的是，截至 2023 年，尚未发生此类攻击事件。然而，如果医疗设备真的被网络攻击操控，就有可能危及生命。

正如前面所述，**网络攻击可能造成的损害是多方面的**。一方面，像公共交通系统遭受攻击这样的事件，个人很难通过自身努力加以防范；另一方面，有些损害可以通过个人行为来避免，如物理因素导致的个人信息泄露。

在第 2 讲中，我们将进一步深入学习网络安全知识，通过了解攻击者的手段，确保能够防范那些可以防范的损害。

## 专栏 1　远程办公的安全措施

　　远程办公是一种具有诸多优点的工作方式，但在安全方面要多加注意。

　　首先，如果与家人同住，**要确保工作用计算机仅由自己使用**。即使没有恶意行为，也可能发生意外。不工作时应关闭计算机电源，并采取**物理锁定措施**，防止他人将其带走。工作期间暂时离开座位时，应切换到**锁屏模式**（在 Windows 系统中可以通过 **Windows 键 +L 键**来设置）。无论是否进行远程办公，养成这种习惯都能有效防止意外发生。

　　其次，**应尽量避免使用公共无线网络（Wi-Fi）**。因为公共无线网络的安全性较弱，存在被窃听或数据泄露的风险。对于家中的 Wi-Fi，如果之前从未检查过路由器设置，建议采取以下措施：限制连接设备数量，启用加密功能；如果路由器的用户名和密码仍为初始设置，则应及时更改。

　　最后，**不要将个人的外部设备（如 U 盘、移动硬盘等）连接到办公设备上**，这也可能导致信息泄露。关于远程办公的安全措施，可以登录网络安全相关网站查阅更详细的信息。

# 第 ② 章 了解网络攻击手段

网络攻击有几种典型手段。在了解这些手段之后，我们将介绍攻击目标中存在的漏洞。此外，作为第 3 讲及后续技术性内容的铺垫，我们也会对互联网的一些机制进行介绍。

# 第 8 讲　攻击始于欺骗

网络攻击的典型手段 ///　　　　　　　　☑安全软件

　　提到网络攻击，很多人可能会想到通过互联网，利用信息技术进行的攻击。这种印象并没有错，但如果你只警惕这一点，就有可能被对方抓住漏洞。因为网络攻击的第一步是**欺骗**，这是**一种不依赖数字技术的行为**。

　　在网络攻击中，欺骗是至关重要的一步。许多人和企业不希望受到攻击，因此会采取各种防御措施，而攻击者需要突破这些防御。

以身边的例子来说，登录购物网站时需要输入密码，同时计算机上也安装了**安全软件**[①]。这些都是为了防止恶意非法访问而设置的防御措施。我们通过这些手段在日常生活中防范攻击。

▲ 安全软件的防御机制

从攻击者的角度来看，这些防御体系是非常棘手的。因此，攻击者需要找到使这些防御失效的方法。这些方法既包括利用数字技术的手段，也涵盖传统的面对面诈骗和物理盗窃。

密码和安全软件是重要的防御手段，但如果我们只关注这些，就可能被攻击者通过意想不到的手段使防御失效。重要的是，**不要仅仅关注每一种防御手段本身，而应警惕被欺骗**。为此，我们**需要了解攻击者具体可能使用哪些手段来使防御失效**。

接下来，我们来看一些**典型的攻击手段**。

---

① 安全软件是指具备预防病毒感染、清除病毒以及拒绝非法访问等功能，用于保护计算机或智能手机的软件。这类软件也被称为杀毒软件或病毒防护软件等，专栏 3 将会进一步说明。

# 第9讲 典型手段①：社会工程学攻击

网络攻击的典型手段 ///     ☑垃圾搜寻 ☑肩窥

　　社会工程学攻击是一种典型的网络攻击手段。社会工程学攻击是指利用个人心理或行为上的漏洞，不借助数字技术，窃取其所拥有的信息。日本网络安全协会①对其的定义如下。

> 　　不是利用计算机技术或网络技术，而是通过物理手段（或心理手段）获取入侵所需的 ID、密码或企业机密信息的行为。

---

① 日本网络安全协会. 什么是社会工程学？ https://www.jnsa.org/ikusei/04/14-01.html.

社会工程学攻击具体可以分为以下几种。

- **物理手段**：
  - 垃圾搜寻（dumpster diving）；
  - 肩窥（shoulder surfing）。
- **心理手段**。

**垃圾搜寻**是指从工作场所的垃圾桶等地方获取重要文件或写有密码的纸条。这种桥段常在电影中出现，是一种非常有名的手段。

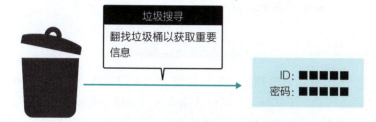

▲ 通过垃圾搜寻来获取重要信息

不仅仅是纸张，**非法获取计算机或智能手机等设备，并从中提取个人信息或银行卡信息**，也可以算作垃圾搜寻。这些信息**存在从被废弃设备中泄露的风险**。

避免废弃设备被他人进行垃圾搜寻的手段大致有两种，但都不太容易做到。

- **彻底删除数据**。简单删除文件或用其他数据覆盖是不够的，因为这些数据仍可能通过专业工具恢复。为了确保数据被彻底删除，需要使用专门的**完全擦除工具**。
- **物理销毁设备**。普通人很难判断需要破坏设备的哪些部分、破坏到什么程度，才能确保数据无法被读取。此外，物理销毁设备需要专业工具，并且可能会导致玻璃或金属碎片飞溅，对于非专业人士是危险的。

综合以上情况，废弃设备时最可靠的方法是**委托值得信赖的专业公司处理**。对于智能手机，有的运营商提供回收或销毁服务，可以向附近的店铺咨询。如果能当面销毁，那就安心多了。

回收与销毁

大型运营商　　　　　　　　　　　　淘汰的智能手机

▲ 废弃设备的回收和销毁服务

正如第 4 讲提到的"信息泄露"，人们常常会联想到黑客攻击等行为，但实际上，信息泄露大多与物理介质有关。根据统计，**纸介质导致的信息泄露事故居首位，占总数的 29.8%**。如果将**个人计算机、智能手机、U 盘等硬件丢失的情况也计算在内，物理介质导致的信息泄露事故占比达到 47.8%**，远高于互联网或电子邮件导致的事故。

2022 年，在日本兵库县尼崎市发生的一起事故中，市民的 46 万条个人信息面临泄露危机，其原因也是 U 盘丢失。由此可见，为了防范网络攻击，妥善管理物理介质至关重要。

对于办公用的 U 盘，建议进行加密（可参考第 26 讲），以防止丢失后数据外泄。部分 Windows 系统具备名为 BitLocker 的功能，可用于加密 U 盘内的数据。此外，有些 U 盘厂商提供加密软件，或者 U 盘本身具备加密功能——价格相对较高。

接下来，我们再来看另一种物理手段——肩窥，即从背后窥视他人输入密码的屏幕或键盘操作。近年来，越来越多的人在地铁、咖啡馆等人员密集的场所工作。在这种场景下输入密码，或者查看包含机密信息的文件，就可能成为肩窥的受害者。

最后，我们来看**心理手段**。这种手段包括"伪装成正式员工入侵写字楼""通过电话套取密码"等，利用人的心理弱点进行攻击。例如，冒充子女、孙辈或公职人员进行**诈骗**。此外，还有**伪装成公司系统部门或网络服务提供方的工作人员套取密码**的案例。对此，我们绝不能轻易作答。

这些手段都不需要专业的信息技术，但通过这些手段窃取密码并加以滥用的案例却屡见不鲜。我们始终要牢记，网络攻击的起点可能是通过物理或心理手段进行的信息窃取。

# 第 10 讲 典型手段②：网络钓鱼攻击

　　**网络钓鱼攻击**类似于"冒充他人打电话"的诈骗手段，但它通过**冒充他人发送电子邮件**来实施诈骗。网络钓鱼攻击的主要目的是非法获取对方的登录 ID 或密码。

　　例如，假设攻击者想要获取某用户的网上银行 ID 和密码。在这种情况下，攻击者会伪装成银行向该用户发送电子邮件。邮件内容可能是"怀疑您的密码被他人滥用，请尽快更改"或"有一笔入账，请确认"等看似合理的表述。

这些内容便是所谓的**网络钓鱼诱饵**。"网络钓鱼"正是源自这种"钓取"对方信息的行为。通常，这种网络钓鱼邮件的内容后面会附带一个 URL 链接。

实际上，点击这个链接后跳转到的页面并不是真正的网上银行登录界面，而是**攻击者准备的假冒网站**。然而，这些假冒网站大多制作得与真实网站几乎一模一样，以致用户在不知不觉中输入了自己的 ID 和密码，这就相当于**把 ID 和密码告诉了攻击者**。

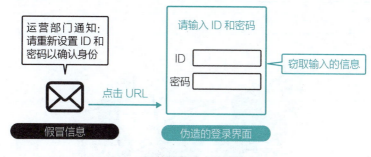

▲ 网络钓鱼攻击的流程

通过非法手段获取的 ID 和密码，会**在暗网**① **上被买卖**，或者被用于**非法转账**等恶意行为。

此外，利用电子邮件进行网络攻击的手段不限于钓鱼攻击。还有一种针对特定企业和组织的攻击手段——**目标型攻击**。网络钓鱼邮件的内容通常是面向非特定多数人的，即便普通用户收到也不会觉得奇怪。而目标型攻击则是**针对特定组织精心设计的**。如果收件人误以为邮件来自合作伙伴而打开了附件，就可能会感染恶意软件，导致机密信息被窃取。

---

① 互联网中存在一个无法通过常规搜索或普通方式访问的区域，被称为暗网（dark web）。暗网已成为非法交易，如买卖密码等行为的温床。

# 第 11 讲

# 典型手段③：
# 恶意软件攻击

**恶意软件**（malware）攻击是那些会对设备造成损害的恶意程序的总称，常见类型包括计算机病毒、蠕虫（worm）和特洛伊木马（trojan horse）等。

**计算机病毒**类似于自然界中的病毒，其生存依附于其他程序或文件——**宿主**。一旦感染，它会自我复制并传播至其他文件或系统。

**蠕虫**同样具备自我复制能力，但与病毒不同的是，它**不依赖**

**宿主，可以作为独立程序运行**。由于这种特性，蠕虫具有极强的传播能力，曾多次引发大规模安全事件。历史上臭名昭著的蠕虫如**尼姆达**（Nimda）和**红色代码**（Code Red）就曾造成严重破坏。

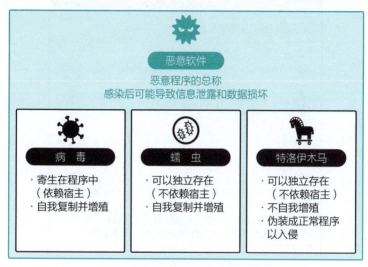

▲ 恶意软件的分类

**特洛伊木马**是一种**伪装成无害程序、实则暗藏攻击行为的恶意软件**。其名称源自古希腊神话中著名的"木马计"：士兵藏身于木马之中，被敌人误认为礼物而带入城内，从而实施偷袭。特洛伊木马会潜伏在用户系统中，伺机窃取信息或执行其他恶意操作。被归类为特洛伊木马的程序还有**间谍软件**（spyware），即伪装成正常程序、秘密收集使用者信息的恶意软件。第 3 讲提到的勒索软件（ransomware），往往以电子邮件附件的形式传播，也可归类为特洛伊木马型恶意程序。

恶意软件的传播途径多样，其中以电子邮件最常见。攻击者通常伪造工作邮件，将带有恶意代码的附件发送给目标用户。

**一旦收件人打开附件，恶意代码即被执行，从而感染设备**。这种通过邮件附件传播恶意软件的方式，是当前最典型的感染路径之一。

▲ 通过电子邮件诱导恶意软件感染

例如，近年来广泛传播的恶意软件 Emotet，以及几年前导致大量损失的 WannaCry（详见第 3 讲），都通过类似方式传播。在第 10 讲提及的目标型攻击中，攻击者也会冒充客户或合作伙伴发送邮件，以此引诱收件人下载并运行恶意软件。

需要特别注意的是，大多数情况下仅打开 Word 等文档并不会立即导致感染，只有在**启用宏功能后**，恶意代码才可能被执行。邮件发送者往往通过提示性语言诱导用户启用宏功能，因此必须提高警惕。

此外，某些试图传播恶意软件或实施钓鱼攻击的电子邮件，常会使用"紧急""请在 ×× 小时内处理"等催促性语句，迫使用户快速作出反应。在无法确认发件人身份的前提下，对于此类带有时间限制的邮件，用户应特别提高警惕。

点击某些邮件中的链接后会跳转至声称"您的计算机存在安全风险"之类的页面，诱导用户下载安装"安全软件"。然而，这些**所谓的"安全软件"实为恶意程序**，一旦安装将严重威胁系统安全。因此，应避免点击或下载来源不明的软件。

为了防范此类恶意软件的感染，建议做好以下安全措施。

- 及时更新计算机和智能手机的**操作系统（OS）**，**安装安全补丁**（可参考第 13 讲）。
- 严格核实邮件发件人地址，确保来源可信；对于**可疑邮件**，应**避免打开**。
- **不下载或运行**来源不明或不可信的**邮件附件**。
- **不点击**邮件中来源不明、未经验证的**链接**。
- **不随意安装**非官方渠道或未知开发者提供的**应用程序（APP）**。

在实际工作中，很多用户仍需通过电子邮件附件共享文件，完全避免使用附件也不现实。然而，伪装为合作伙伴或服务平台的邮件常被用于传播恶意软件，若用户缺乏警觉，极易导致感染。

为此，应养成良好习惯：**原则上不直接打开邮件附件；若业务需要确实必须打开附件，则务必先核实发件人与相关链接的真实性**。

# 第12讲 什么是黑客攻击？

**系统的安全漏洞及其利用** /// ☑骇客　☑白帽黑客　☑破解

截至目前，我们已经介绍了攻击者如何通过欺骗用户实施攻击，这是一种以"人"为目标的网络攻击手段。那么，如果攻击的目标不是"人"，而是计算机系统，攻击方式又会有何不同呢？

以系统为目标的攻击，典型例子是**黑客攻击**（hacking）。黑客攻击最初指的是对计算机系统或软件进行分析、修改和重构的行为，实施此类行为的人被称为**黑客**。在"黑客"这一术语最初出现时，黑客被认为是具备高超技术能力的专家，其行为可能出于善意，或者只是为了技术探索，甚至是一种无恶意的恶作剧。

然而，随着互联网的发展和恶意软件的广泛传播，出于恶意目的的黑客行为逐渐增多，如编写并传播恶意程序、入侵系统窃取数据等。由此，"黑客"与"黑客攻击"逐渐被赋予负面含义。

在信息安全领域，无恶意动机的黑客被称为**白帽黑客**（white hat hacker），而从事非法入侵、攻击等恶意活动的黑客则被称为**黑帽黑客**（black hat hacker）。黑帽行为在中文语境中常被称作**破解**（cracking），从事该行为的人又被称为"骇客"。不过，"黑客"和"骇客"等术语在大众语境中常被混用，许多人将"黑客"与"非法入侵"等同视之，这种误解至今仍较为普遍。

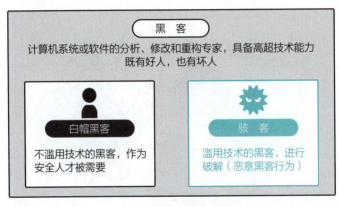

▲ 黑客与骇客

在当前网络安全形势日益严峻的背景下，应对网络攻击需要高度专业的技术能力，白帽黑客已成为重要的信息安全人才。在 DEF CON 黑客大会等国际顶级安全竞赛中，CTF（capture the flag，夺旗赛）是一种常见的网络安全对抗形式。中国团队在这一领域表现出色，如上海交通大学 0ops 战队与腾讯、浙江大学、复旦大学组成的腾讯 A0E 联合战队获得了 DEF CON CTF 2020 年度总冠军，复旦大学白泽战队斩获了 DEF CON 30 自动驾驶 CTF 全球总冠军。这些成果充分展现了中国团队在网络安全技术方面的卓越实力与国际竞争力。

# 第 13 讲　什么是安全漏洞？

系统的安全漏洞及其利用 /// ☑漏洞　☑安全漏洞　☑安全补丁程序

　　当黑客试图攻击系统时，他们关注的是什么呢？那就是**安全漏洞**。这个词在网络安全领域之外不太常见，但它是一个重要的概念。

　　**安全漏洞**是指存在于系统或软件中，**在特定条件下可能被攻击者利用，从而导致系统运行异常或出现与预期不一致的行为**的缺陷。与程序缺陷（bug）不同，安全漏洞通常具有被恶意利用的安全风险。

| 程序缺陷 | 安全漏洞 |
|---|---|
| 系统或程序在设计、编码或实现过程中引入的错误或疏漏的总称 | 只在特定攻击路径下显现的缺陷 |
| · 表现出不符合预期的行为<br>· 不一定会成为网络攻击的目标 | · 可能成为网络攻击的目标<br>· 受到网络攻击时表现出非预期行为<br>· 即使行为符合预期,只要可能被网络攻击利用,也被视为安全漏洞 |

▲ 程序缺陷和安全漏洞的区别

程序缺陷是指系统或程序在设计、编码或实现过程中引入的错误或疏漏,它会导致程序的行为偏离设计预期,通常不会造成安全威胁,也较容易在开发和测试过程中被发现。而安全漏洞则更加隐蔽,它们在多数情况下并不会在系统的正常使用中被察觉,只有在攻击者精心构造的输入或操作下,才可能触发与预期不符的行为,从而危及系统安全。

可以这样理解两者的区别:程序缺陷更容易在日常使用或测试中暴露,而**安全漏洞往往只在特定攻击路径下显现**——就像《阿里巴巴与四十大盗》中那扇只能通过特定咒语开启的隐蔽大门。识别安全漏洞通常需要具备专业知识,并模拟真实攻击行为才能验证是否存在异常。

在实际应用中,**完全消除安全漏洞几乎是不可能的**。一方面,攻击者不断开发新的攻击技术与手段,这些新型攻击往往能够绕过现有的安全防护机制;另一方面,一些原本被视为安全的功能,可能**在新型攻击方式出现后变成新的安全漏洞**。

因此,对安全漏洞的防范不仅仅止于开发阶段,更多的安全保障工作需要在产品发布之后持续进行。一个典型的做法是发布安全补丁(security patch),以修复新发现的漏洞。

使用 Windows 操作系统的用户可能都接收到过"更新可用"的提示。由于新漏洞会不断被发现，微软会定期推送系统安全更新。这一机制不仅存在于 Windows 中，也同样存在于 macOS、Android 和 iOS 等操作系统中。

如果用户忽视这些安全更新，设备便会变得更容易遭到攻击。因此，当操作系统提示有新版本时，建议用户及时下载并安装更新程序。

此外，操作系统的安全支持具有生命周期限制。厂商通常会设定一个支持期限，在此期限内持续提供安全补丁和技术支持。**超过支持期限后**，系统将不再获得漏洞修复与保护，一旦出现新漏洞，该**系统便极易成为攻击目标**。

以 Windows 为例，截至 2023 年 10 月，Windows 8 及更早版本已全部停止支持。因此，强烈建议用户避免继续使用此类不再受支持的操作系统，以降低网络安全风险。

▲ 保持安全补丁实时更新

**感染了恶意软件怎么办?**

能避免感染恶意软件是最理想的,但一旦不幸感染,也应采取科学有效的处理措施。推荐的应对步骤如下。

① 使用安全软件进行**扫描**。

② 一旦确认感染,立即**切断网络连接**。

③ 使用安全软件**清除恶意软件**。

④ 若清除失败,**恢复设备出厂设置**。

⑤ 如问题仍未解决,**寻求专业技术支持**。

首先,判断设备是否真的感染了恶意软件。**可运行安全软件进行全面扫描**,以确认是否存在感染迹象。

一旦确认设备被感染,应立即**断开网络连接**(包括 Wi-Fi 和蜂窝数据),以防止恶意软件进一步传播或与远程服务器通信。

接着,尝试使用安全软件清除恶意软件。大多数安全软件具备查杀功能,能够识别并移除常见威胁。然而,在某些情况下,恶意软件可能具备较强的隐蔽性或干扰能力,导致清除失败。尤其是感染勒索软件时,设备中的重要文件可能会被加密,导致用户无法访问。

如果安全软件无法成功清除威胁,建议将设备**恢复出厂设置**。这通常可以在设备"设置"菜单中完成。恢复出厂设置会清除设备上的所有数据和应用,因此必须事先确认是否有最近的数据备份。若已做好备份,从备份中恢复数据即可将损失降到最低。可见,日常应保持定期备份的良好习惯。

如果自行操作仍无法解决问题,建议联系设备制造商、经销商或安全软件厂商的技术支持部门(参考"专栏 3")以获取专业协助。

# 第 14 讲 利用安全漏洞的攻击

系统的安全漏洞及其利用 ///　　　☑漏洞利用　☑零日攻击

当系统或软件存在安全漏洞时，攻击者可能利用这些漏洞尝试入侵系统、夺取控制权或植入恶意软件。这种通过利用安全漏洞进行的攻击行为被称为**漏洞利用**。

利用安全漏洞的攻击

漏洞利用　　　安全漏洞

▲ 滥用安全漏洞的漏洞利用

漏洞利用的危险性可以通过**零日攻击**（zero-day attack）来体现。正如第 13 讲提到的，开发系统时不可能发现所有的安全漏洞。此外，随着攻击手段的不断演化，也可能出现新的安全漏洞。因此，对于安全漏洞，我们无法做到完全排除，只能及时发现并应对。

在日本，发现的安全漏洞通常提交给 IPA（**信息处理推进机构**），然后由 JPCERT/CC（**日本计算机应急响应小组 / 协调中心**）等机构向开发者提供修复建议。通过这种方式，程序或设备的提供者能够处理安全漏洞，并以安全补丁的形式向用户提供改进措施。这些关于安全漏洞及其处理的信息会通过**安全漏洞数据库**[①] 等渠道公开，并在开发人员之间共享，以便开发更安全的系统。

然而，在安全漏洞得到处理之前，可能会发生针对该安全漏洞的漏洞利用行为。

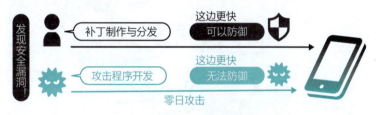

▲ 安全漏洞和零日攻击

从安全漏洞被发现到采取应对措施的这段时间被称为**零日**（zero day），在这段时间内发生的攻击被称为**零日攻击**。由于零日攻击缺乏应对措施，程序或设备在此期间会变得极易受到攻击。

漏洞利用技术种类繁多，具体取决于安全漏洞的类型。关于攻击中所使用的技术，请参考第 5 讲。

---

① 例如，JVN（日本安全漏洞信息库）是由 JPCERT/CC 和 IPA 共同运营的代表性安全漏洞数据库。

## 第15讲 支撑互联网的协议

　　在此之前，我们介绍了网络攻击的手段和典型案例。接下来，我们简单了解一下支撑我们生活的基础设施，同时也是网络攻击的舞台——<u>互联网的机制</u>。

　　无论我们是使用智能手机、平板电脑还是个人计算机，无论设备的类型或型号如何，都可以进行网站浏览、收发邮件，以及在社交媒体上发布信息等操作。这一切之所以能够实现，是因为互联网的基础——**TCP/IP 协议**的存在。

**协议**是指通信的步骤或规则的标准，可以理解为**"按照这样的顺序进行交互"的约定**。例如，我们浏览网站时，会点击 URL 链接或直接在浏览器[①]中输入网址。在这个过程中，网络内部会进行以下**请求**和**响应**的步骤（协议）。

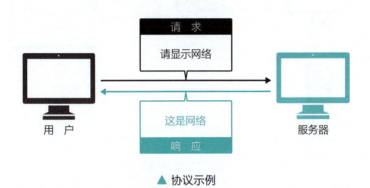

▲ 协议示例

正是因为存在**"对请求做出响应"的协议**，互联网才能够正常运行。网络攻击及其防御措施，也都是基于这些协议而存在的。

支撑互联网的协议有很多种，其中最具代表性的是 IP 协议和 TCP 协议。我们先来看看 IP 协议。

无论是计算机、智能手机还是智能音箱，所有连接到互联网的设备都有一个唯一的 **IP 地址**，类似于实际地址。设备之间通过这个 IP 地址进行信息交换，即通信。关于 IP 地址的规则，就是 **IP 协议**。

---

① 浏览器是用于在互联网上浏览网站等的应用程序，如 Microsoft Edge、Google Chrome 和 Safari。

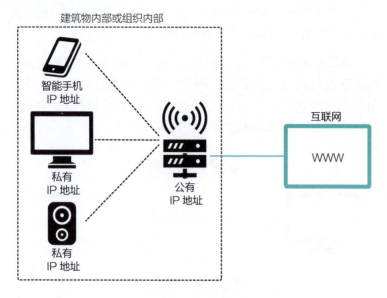

▲ IP 地址的机制

　　IP 地址有两种类型：一种是在建筑物内部或组织内部使用的 IP 地址，称为**私有 IP 地址**；另一种是在全世界范围内通用的 IP 地址，称为**公有 IP 地址**。可以将私有 IP 地址比作电话系统中的分机号，而全球 IP 地址类似于普通电话号码。遵循 IP 协议，可以确保请求和响应正确地发送到目标对象。

　　此外，通过遵循 TCP 这样一种通用规则，我们可以与任何人进行多种类型的通信。这就是 **TCP 协议**。TCP（传输控制协议）是一种可靠的通信协议，具有在通信失败时重新发送数据以纠正错误的机制。我们用于浏览网页的 HTTP/HTTPS 协议，以及发送电子邮件时用的 SMTP 协议等多种通信标准，都是基于 TCP 协议制定的。

　　关于 HTTPS 和 SMTP 的详细说明这里暂且略过，但要明白，正因为有了这些协议，"浏览的网站内容不会泄露到外部"

以及"发送的邮件内容不会被篡改且能够准确送达收件人"等诸如此类的信息通信才能得以实现。

▲ 基于 TCP/IP，"理所当然的信息通信"得以实现

　　TCP 协议和 IP 协议组合在一起，被称为 **TCP/IP**。TCP/IP 是一种能够与具有指定 IP 地址的对方进行 TCP 通信的网络基础技术。这里不做详细展开，对于想深入了解的读者，市面上有很多关于 TCP/IP 的入门图书可以参考。

# 第 16 讲
# TCP/IP 带来的优点和缺点

**互联网的机制 ///**　　　　　　　☑匿名性　☑远程操控

　　通过 TCP/IP 协议，我们可以在较为安全的环境中使用互联网，无须过度担心通信内容或个人信息泄露。然而，互联网带来的不仅仅是便利，其开放性和技术特性也带来了新的风险。

　　TCP/IP 作为一种不强制身份认证的通信协议（参考第 22 讲），用户可以匿名发布信息。例如，在 2010-2012 年期间，一些阿拉伯国家出现了大规模社会抗议活动，媒体普遍称之为"阿拉伯之春"。在这一过程中，社交媒体上的匿名信息发布曾被认为在信息传播和动员方面发挥了作用。

尽管匿名性有助于言论表达，但它也可能被滥用。攻击者可借此隐藏身份。2012–2013 年在日本发生的**远程操控事件**就是一例：攻击者利用恶意程序远程控制普通用户的计算机，并以该用户身份在网络论坛上发布威胁性言论，导致无辜用户受到调查。

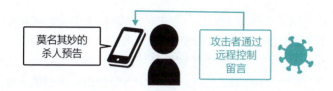

▲ 利用匿名性远程操控他人的计算机

不仅如此，匿名性还使得**恶意软件一旦被某人传播，就可能自动扩散，进一步加剧追查攻击源头的困难**。

此外，互联网具有"信息能够瞬时传播至全球"的特性，在带来传播效率的同时，也会带来负面影响。例如，恶意代码可能迅速传播，**被泄露的敏感信息可能瞬间扩散**。一旦信息在互联网上公开，即使事后删除，也可能引发**史翠珊效应**（streisand effect），即删除行为本身反而引发更大关注。一些如 **Wayback Machine**[①] 的网络存档服务甚至可能使已删除的信息继续被访问。

互联网的便捷性毋庸置疑，但我们也必须清醒认识其所潜藏的风险。只有加强安全意识和信息管理，才能更好地保护个体权利与社会秩序。

---

① 由美国非营利组织 Internet Archive 运营的服务。任何人都可以自由使用，并能够保存网页内容。

安全软件有两种类型:

- 操作系统内置的安全软件;
- 独立发售的第三方安全软件。

前者以 Windows 操作系统自带的 **Microsoft Defender**(微软卫士)为代表。作为 Windows 的一部分,它预装于系统中,能够实时检测并防御各种恶意软件。此外,它还包含防火墙功能,用户可通过 Microsoft Defender 界面启用或关闭防火墙。

后者是由专业安全厂商开发并独立销售的产品,如 Norton(诺顿)、McAfee(迈克菲)、Kaspersky(卡巴斯基)、ESET、Avast 等。这类安全软件通常具备更全面的安全功能,除病毒和恶意软件扫描外,还包括反垃圾邮件、防钓鱼攻击、家长控制、隐私保护及系统性能优化等功能。此外,第三方安全厂商一般提供更完善的客户服务支持,如在线客服、电话咨询等渠道。

如何选择适合自己的安全软件?

选择安全软件时应综合考虑自身需求和风险水平。对于日常办公和普通家庭用户,内置的 Microsoft Defender 已可提供较为稳定的基础防护效果。但如果用户有更高的安全需求,如进行网上银行交易、处理敏感信息或在潜在高风险网络环境下工作,建议选择功能更强、更新更及时的第三方安全软件。

评估安全软件性能时,建议参考权威第三方评测机构的数据。例如,AV-Comparatives 是总部位于奥地利的独立安全软件评测机构,定期发布恶意软件检测率、误报率和系统性能影响等方面的评测报告;上海市计算机软件评测重点实验室在恶意代码防护技术评估方面具有丰富经验,并具备多项国家认定的安全测评资质。

# 第 **3** 章 网络安全的基本概念

在了解常见的攻击手段及其可能带来的实际危害之后，我们接下来将学习如何有效防范此类攻击。首先，明确网络安全的基本概念，并介绍实现安全的基本要素，以及设计安全系统时应有的基本理念。

在第 1 讲和第 2 讲中，我们通过展示网络攻击的典型案例，探讨了网络安全的重要性与现实需求。从本章开始，我们将深入介绍网络安全的基本机制与核心技术。然而，在进入具体内容之前，我们有必要先明确"网络安全"这一概念的含义。

**"安全"** 一般是指**保护个人、组织及其资产免受各类人为威胁**（如盗窃、破坏、信息泄露等）的一种状态。在现实生活中，常见的家庭防盗措施或安保服务即为安全理念的具体体现。

在理解网络安全之前，有必要了解**信息安全**的定义。信息安全是一个较"安全"更为具体的子领域，其核心任务是：

**维护信息的保密性、完整性和可用性。**

　　尽管"保密性""完整性""可用性"在日常生活中不常见，但它们是信息安全的支柱，详见第 18 讲的介绍。简单而言，信息安全可理解为"确保与信息相关的一切具备安全保障"的一系列手段与措施。

　　该定义源于信息安全管理体系国际标准——<u>ISO/IEC</u><u>27000</u>[①]。ISO（国际标准化组织）负责制定各类通用标准，而 IEC（国际电工委员会）则专注于电工和电子技术领域的标准化工作。两者联合制定的 ISO/IEC 27001 为全球广泛采用的权威信息安全管理标准之一。

　　**国际标准**的制定目标是为各国之间的产品、服务和流程提供通用规范，保障其质量、兼容性与可靠性。例如，信用卡的统一尺寸就是由 ISO 标准规定的，确保全球范围内的设备都能读取。

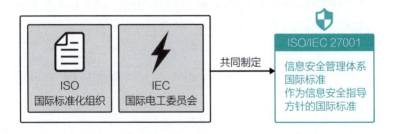

▲ ISO 与 IEC 共同制定了信息安全管理体系国际标准

---

① 信息安全相关的国际标准除了 ISO/IEC 27000 和 ISO/IEC 27001，还存在大约 50 个其他标准，它们统称为 ISO/IEC 27000 系列。在该系列中，编号最小的 ISO/IEC 27000 提供系列标准的总体框架、术语定义和基本概念；ISO/IEC 27001 是信息安全管理体系的具体要求标准，规定了建立、实施、维护和持续改进 ISMS 的框架。

信息安全所要保护的"**信息**",在狭义上是指由计算机系统所处理的结构化或非结构化数据;在广义上,则包括**一切用于传递内容的载体,如文字、符号、图像、图表、语音**等。

举例来说,存储于数据库或文档中的个人信息是"信息";印有机密内容的纸质文件、会议纪要等同样属于"信息";口头传达的新产品策划内容,也在"信息"范畴内。

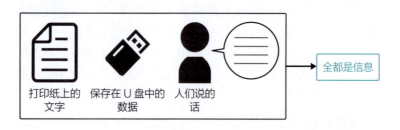

打印纸上的文字　保存在 U 盘中的数据　人们说的话　全都是信息

▲ 多样的"信息"

由此可见,信息的形式可以多种多样,信息安全须覆盖纸质媒介、数字格式与人际传播等多个维度。因此,高质量的信息安全体系并不局限于电子数据保护,还应延伸至物理安全与社会工程学(参考第 9 讲)。

接下来,我们讨论**网络安全**的概念。目前尚无针对网络安全的统一国际标准定义。与其说"网络安全"是一个全新术语,不如说它是数字化背景下"信息安全"的一种延伸和流行化表述。

然而,从严格意义上讲,也可以将网络安全理解为信息安全的子集,主要专注于发生在网络空间中的威胁及其防范措施。这种界定尤其适用于区分物理资料安全与网络基础设施安全的应用场景。

在数字化时代,网络空间不仅涵盖传统意义上的计算机与互联网系统,也已扩展至物联网(IoT)所连接的各类智能设备。

例如，联网的汽车、家用电器等也可能被黑客用于发动 DoS 攻击，因此它们同样属于网络安全保障的对象。

本书对"网络安全"的定义：**在网络空间中维护信息、系统、服务及设备的保密性、完整性与可用性**。

例如，"个人信息的保护"属于"信息安全"的范畴。这包括将印有个人信息的文件妥善保存在上锁的文件柜中，以及在数据库中妥善保存。而"网络安全"则主要涉及后者（即与网络相关的部分）。

要指出的是，信息安全与网络安全在实际应用中存在高度重叠，使用术语时应根据所涉及领域进行适当区分。例如，对纸质文件中个人信息的保护属于信息安全范畴；对数据库中个人信息在传输和存储过程中的保护，则归属于网络安全范畴。

接下来，我们将系统介绍网络安全所涉及的关键技术、实际防御策略及典型攻击手段。通过对这些内容的理解与掌握，可以为建立全方位的网络安全防护体系奠定基础。

# 第 18 讲　CIA：保密性、完整性、可用性

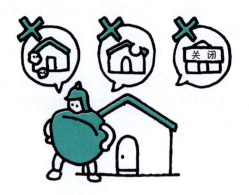

那么，所谓"安全得到保障的状态"，具体是指一种怎样的状态呢？在信息安全领域，为明确信息安全的核心要素，通常使用"CIA"这一概念。根据国际标准 ISO/IEC 27000 的定义，具备信息安全保障的状态须满足以下三大基本条件：

① **保密性**（confidentiality）；

② **完整性**（integrity）；

③ **可用性**（availability）。

这三项要素的英文首字母组合即构成"CIA"，被广泛用于信息安全领域，代表信息安全最基本的三个支柱。具体而言，保密性指**信息不会泄露给未经授权的个体或实体**，即信息仅限被授权用户访问；完整性是指**信息在传输或存储过程中未被意外或恶意修改，且保持其一致性和准确性**；可用性则是指**合法用户在需要时能够及时、可靠地访问和使用信息及相关资源**。

通常认为，当一个系统在这三个方面具备充分保障时，即可认为其达到信息安全的基本要求。因此，CIA 模型常被视为信息安全评估与管理的核心框架，只需理解并掌握这三项要素，便能应对许多基本的安全问题。

然而，国际标准 ISO/IEC 27000 系列中还进一步拓展了信息安全的定义，额外引入了**真实性、责任追溯性、不可否认性和可靠性**，形成包含七个安全要素的完整框架。

④ **真实性**：信息或实体是真实且可信的，即确保信息来源真实、身份未被伪造。例如，验证发送者是否为实际声称的主体。

⑤ **责任追溯性**：系统能够记录并追溯用户对信息的访问、修改、删除等操作，并对其行为负责。这在发生信息泄露或操纵事件时，能够有据可查，有助于明确责任方。

⑥ **不可否认性**：防止当事方事后否认其已执行过的操作或行为。例如，在电子商务交易中，用户下单付款后若声称"我未曾订购"，则系统应具备完整证据记录，以驳回其否认行为，确保交易行为的法律效力和可信度。

⑦ **可靠性**：原本为系统工程或物理产品方面的术语，表示一个系统或组件能在预定条件下可靠、稳定地运行。在信息安全领域，该概念用以描述信息处理系统的稳定性和故障耐受能力。

# 第19讲　保密性

**信息安全三要素** /// ☑保密性的定义　☑身份盗用　☑非法访问

　　**保密性**是指信息**仅被授权用户可用，未经授权的用户不得读取、修改或删除相关信息**。也就是说，保密性旨在防止敏感信息在未经许可的情况下被泄露。

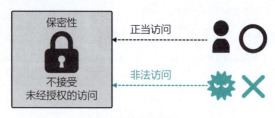

▲ 信息的保密性

　　当一个系统或环境实现了良好的保密性时，信息访问权限将被严格限制，仅授予确有使用需求的人员，且权限范围应限制在其职责范围内的"最小权限"。例如，数据库访问权限仅授予需处理数据的员工，并进一步细化其操作权限（如只读、编辑或管理权限）。

　　相反，若保密性未得到有效保障，可能会导致严重的信息安全隐患。例如，离职员工的账户未及时注销，仍可访问公司内部系统；部门经理的管理员账户被多人共用，权限身份难以追责；内部资料无访问权限控制，任何员工均可随意查看或传输。

　　除管理不善外，保密性还可能因各类网络攻击而遭到破坏。主要攻击方式如下：

- **针对密码的攻击**（参考第 48 ~ 50 讲）；
- **注入攻击**（参考第 54 ~ 56 讲）；
- **缓冲区溢出攻击**（参考第 57 ~ 59 讲）。

　　这些攻击往往会导致**非法访问**和**身份盗用**。非法访问是指未经授权的用户通过技术手段，绕过安全机制，非法获得对系统或数据的访问权限；而身份盗用则是指通过社会工程学攻击、网络钓鱼攻击等手段窃取身份认证信息，并以合法用户身份进行操作。这些行为可能造成信息泄露、数据篡改甚至服务中断，因而必须通过以下策略进行有效防范。

- **加密**（参考第 36 讲）：通过加密算法对数据进行编码，仅授权用户持有密钥方可恢复原始信息，从而保障传输和存储过程中的保密性。
- **访问控制与权限管理**（参考第 24 讲）：访问控制是指根据用户身份设定访问权限，仅允许经过授权的实体访问特定资源；在此基础上，访问控制进一步分为认证和授权，分别用于验证用户身份及分配操作权限。

# 第 20 讲 完整性

　　**完整性**是指**信息不会以非预期的方式被更改，保持一致性**。如果完整性得到保障，那么信息无论是在意外情况下还是在故意行为下，都不会被非法篡改或删除。

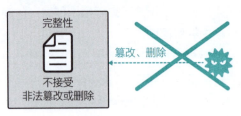

▲ 信息的完整性

完整性对于交易记录 ① 和银行账户信息等至关重要。假设某个账户的余额为 100 万日元，如果完整性没有得到保障，余额可能会被篡改为 10 万日元。这个例子充分表明了完整性的重要性。

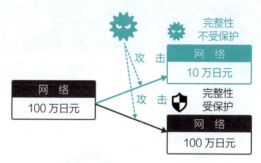

▲ 完整性特别重要

对于重要的合同、交易信息和证书等，内容被篡改不仅会破坏信任，还会在许多方面引发问题。

完整性攻击可以被视为与保密性攻击同类，即通过各种手段实现非法访问或身份盗用。通过这些手段，信息可能被**非法获取并篡改**，从而导致完整性受损。

作为对策，与保障保密性类似的措施，如**加密**、**访问控制**和**权限管理**，同样适用于保护完整性。此外，电子签名机制可以在信息被篡改时检测到变化，也是一种有效的防范手段。电子签名可以验证签署人的身份以及内容未被篡改，广泛应用于企业间的合同、虚拟货币交易以及行政申请等多个场景。电子签名通过加密技术实现，确保其安全性和可靠性。

---

① 交易记录是指可以作为证据的痕迹或记录。这是一个在商业等领域广泛使用的词，其形式多种多样。在 IT 领域，设备或系统的使用记录等都可以被视为交易记录。

# 第(21)讲 可用性

信息安全三要素 /// ☑可用性的定义 ☑DoS 攻击

可用性是指信息系统和服务在需要时能够被合法用户及时访问，系统功能持续处于可操作和正常运行的状态。

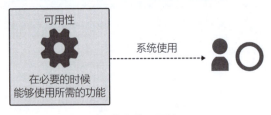

▲ 信息的可用性

例如，某网站在特定时间发售门票，即使在高负荷状态下也必须保持运行，以确保门票能够顺利销售，这正是可用性的体现。如果**预定在上午 10 点开始售票的网站在该时间点发生服务器故障**，用户将无法访问服务器，造成不便，这就是**可用性受损**的典型案例。

仍以门票销售网站为例进一步说明：如果用户登录密码被恶意篡改，这是对完整性的破坏，但由于合法用户无法登录系统，也同时构成对可用性的侵害。

以下是常见的针对可用性的攻击方式。

- **DoS 攻击、DDoS 攻击**：向服务器发送大量访问请求，造成服务器过载，导致系统宕机或无法响应正规请求。

- **勒索软件**：加密用户的数据，使其无法被正常使用，从而胁迫用户支付赎金以恢复数据访问。

- **代码注入攻击和缓冲区溢出攻击**：通过篡改或破坏系统运行逻辑，导致服务中断或程序异常终止。

为了提高系统的可用性，可以采取以下防御措施。

- **服务器增强**：提高服务器的处理能力，增强系统在高负荷条件下的响应能力，部署防护机制以检测并拦截 DoS 等攻击行为。

- **引入入侵检测与防御软件**（参考第 28 讲）：监控网络通信与系统状态，识别异常访问行为，及时响应。

- **预防恶意软件感染**：安装可靠的安全软件，并确保操作系统与应用程序始终保持更新状态，以修补已知漏洞并减小被攻击的风险。

# 第 22 讲　什么是认证？

**安全的基本要素①：认证 ///**　　☑认证的定义　☑登录认证

通过前面的介绍，相信大家已经对"网络安全"的基本概念有所了解。接下来，我们将介绍用于维护信息安全的 CIA（即保密性、完整性和可用性），以及建立安全状态的方法。让我们从**认证**开始。

在网络安全领域，认证是指**确认用户身份**，以确保某个主体确实是其所声称的那个。

在日常生活中，我们经常接触到各种形式的身份认证。例如，在邮局领取未投递的邮件，或在银行提取大额现金时，常常需要出示身份证。工作人员通过比对身份证上的照片与到场者的面貌,以确认其身份。

类似地,在**网站登录认证**中,系统需要对用户身份进行验证,方式如同金融机构柜台操作。用户拥有唯一的标识符(如用户名),以及仅自己知道的认证信息(如密码)。在登录过程中,用户输入用户名与密码,系统依据是否与预先登记的信息匹配,判定该用户是否为真实授权者。

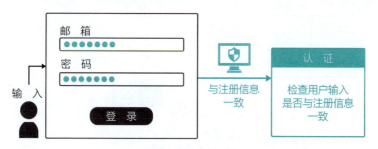

▲ 登录认证的机制

为了实现保密性与完整性,系统通常引入访问控制和权限管理机制(参考第 24 讲)。要确保这些机制有效运行,必须首先确认访问主体的真实身份。认证技术正是实现这一目标的关键手段,广泛应用于信息安全领域。

认证系统对用户也具有重要意义。经身份验证后,用户就能获取与其权限相符的服务内容。例如,用户之所以能够通过网络查看个人银行账户余额,就是因为认证机制确保了只有账户持有人才能访问该服务。若无身份认证,其他人可能会随意查看甚至篡改服务信息。

因此,认证不仅是保障系统安全的核心技术之一,也是安全架构的重要基石。

# 第 23 讲　认证的类型

　　除了登录认证，身份认证还有多种类型，主要包括以下三类：

　　① 基于知识的认证；

　　② 基于持有物的认证；

　　③ 基于生物特征的认证。

　　**基于知识的认证**依赖仅用户本人知晓的信息，如 PIN 码或**密码**等。密码可以是用户自定义的、仅本人知晓的字符串，也可

以是由系统生成并经用户确认的密码。该认证方式的基本假设是
"只有本人才知道正确的密码",因此能够正确提供该信息的人
即被认为是用户本人。基于此前提,用户应避免将密码透露给他
人,也不应使用容易被猜测的密码。

**基于持有物的认证**通过用户所持有的专属物品来确认身份,
如带照片的身份证件(如护照、驾驶证)或 IC 卡。IC 内部可存
储唯一标识信息,用于安全识别用户身份并防止被他人冒用。

**基于生物特征的认证**又称**生物识别认证**,利用用户独一无二
的生理或行为特征进行身份确认,如指纹、指静脉、面部、虹膜
等。相信许多用户在智能手机或笔记本电脑上体验过这类功能。
进行生物识别认证的前提是,系统预先注册了通过设备采集到的
用户生物特征信息,在认证过程中将采集到的当前数据与注册数
据进行比对,从而完成身份验证。

基于知识的认证　　　基于持有物的认证　　　基于生物特征的认证

▲ 三种类型的认证

近年来出现了一种结合多种认证的方式,即通过向用户本人
持有的手机发送一次性短信验证码(SMS 验证码),要求用户
输入以完成验证。这种方式整合了"基于知识的认证"(如密
码)与"基于持有物的认证"(如手机),被称为**两步验证**或**双
因素认证**。

基于知识的认证　　　基于持有物的认证

登录成功

▲ 两步验证的流程

　　尽管两步验证可能略显烦琐，但相比仅依赖密码的单一认证方式，其安全性显著提升。密码一旦被第三方掌握，就可能导致身份被冒用，而两步验证要求攻击者同时获取密码和一次性验证码，极大增加了攻击难度。尽管仍不能保障绝对安全，但其安全性相较传统单一认证方式已有明显改善。

# 第 **24** 讲 认证与授权的区别

　　**认证**是确认用户身份的过程，是信息安全体系中的基础技术之一。然而，即使用户通过了认证，也不代表可以无限制地访问系统中的所有资源。

　　例如，在视频流媒体平台中，我们常见到这种场景：高级会员可以访问全部内容，而普通会员仅能观看部分资源。这种**基于用户身份限制资源访问范围的机制被称为授权**或**访问控制**，是确保信息保密性的重要手段之一。

当需要区分高级会员与普通会员的访问权限时，系统必须在认证（确认用户身份）完成之后，再进一步判断该用户具有哪些访问权限，这一过程就是**授权**。

▲ 认证与授权的区别

授权是指根据用户身份授予其相应资源的访问权限，是对"谁能访问什么资源、在何种条件下访问"进行管理和控制的过程。因此，授权也常被称为"访问控制"。

虽然"认证"与"授权"两个术语在形式上相似，但其含义和功能截然不同：认证旨在确认用户的真实身份；授权则是在用户身份确认后，根据其权限来控制访问范围。

几乎所有需要认证的系统场景中，都需要配套的授权机制。这是因为认证的目的不仅是识别用户身份，更重要的是为了在明确身份之后，为其提供适当的功能与权限。

例如，在网购平台上，注册用户会填写包括姓名与信用卡号在内的个人信息，而这些信息显然不能被其他用户随意查看。同样，在在线考试系统中，考生可以查看并作答试题，但不能查看其他考生的答案或标准答案；而监考或评分人员则拥有更高的权限，可以查看所有考试数据。

正是为了确保根据用户身份匹配合适的权限与功能，身份认证与访问授权这两项机制才缺一不可。通二者协同运行，系统才能在安全的前提下为用户提供个性化、合规的服务。

# 第 25 讲　授权的类型

授权的手段主要有以下四种：

- **基于用户的认证**（user-based authentication，UBA）；
- **自主访问控制**（discretionary access control，DAC）；
- **强制访问控制**（mandatory access control，MAC）；
- **基于角色的访问控制**（role-based access control，RBAC）。

**基于用户的认证**依据经过身份认证的用户主体来决定其可以访问的资源，适用于仅允许特定用户访问限定信息的场景。例如，用户访问包含自身信息（如姓名、地址等）的个人资料页面，即属于该类型。

接下来，考虑按用户组设置访问权限的情形。例如，若希望根据"普通用户"和"高级用户"区分访问权限，与其为每位用户分别配置权限，不如直接对这些用户组设置访问规则。这种策略不仅更高效，也更易于管理和维护。这便是**自主访问控制**。

在自主访问控制中，资源的所有者或系统管理员可自主决定并调整其他用户对资源的访问权限。由于其灵活性，该机制广泛应用于操作系统中，如 Linux[①] 文件权限设置等。

然而，将权限管理权赋予用户自身可能存在安全隐患。因此，安全性要求更高的系统如 SELinux[②]，采用了**强制访问控制**。在此框架下，即便是资源的所有者，其访问权限也受系统策略的统一约束，由管理员或系统策略预先定义。该方式虽可能带来操作不便，但有助于防止因误操作而造成的权限滥用或信息泄露。这也体现了**最小权限原则**，该原则将在第 31 讲中详细讨论。

此外，还有一种根据用户在组织中所扮演的角色来授予权限的机制，即**基于角色的访问控制**（RBAC）。尽管自主访问控制（DAC）也可实现按组控制，但 RBAC 允许管理员根据业务需要灵活地定义角色及其权限，而 DAC 中的用户组往往事先固定，不易变更。

---

① Linux 是一种与 Windows 或 macOS 类似的操作系统。它是一种开源（公开且可以自由使用的程序）操作系统，常用于控制家电等设备。

② SELinux：Security-Enhanced Linux，安全增强型 Linux。关于安全操作系统的内容，详见第 41 讲。

以第 24 讲提到的在线考试系统为例，考生和考官的权限划分如下。

| 数　据 | 考　生 | 考　官 |
|---|---|---|
| 题　目 | 可查看、不可编辑 | 可查看、可编辑 |
| 考生的答案 | 可编辑 | 不可编辑、可查看 |
| 所有考生的答案 | 不可查看 | 可查看 |

在上述系统中，考生可以查看题目并提交答案，但无法查看其他考生的答案和正确答案；而考官不仅可以编辑题目，还可以查看所有考生的答案等。

这正是基于角色的访问控制（RBAC）的核心思想：一旦定义好角色和角色权限，系统只需判定每位用户的角色身份（如考生或考官），即可为其分配相应的访问权限。

# 第26讲 加密究竟是什么？

　　认证与授权是通过识别用户身份并控制访问权限，从而仅允许特定人员读取或修改数据的安全机制。而即将介绍的**加密**，则是一种直接作用于数据或通信内容本身的技术手段。加密的主要目的在于，**即使数据被未授权者截获，也无法被读取或篡改**。

　　这类安全技术的核心目标在于保护数据的保密性和完整性——确保只有授权用户才能访问数据、防止身份冒充以及避免数据被恶意或意外篡改，而加密正是实现上述目标的重要工具。

简单来说，**加密**是一种通过将原始明文转换为不可读形式（密文）以防止第三方读取的技术。转换后的密文在没有密钥的情况下无法解读；只有持有相应密钥的用户，才能通过**解密**操作将其还原为原始信息。

▲ 加密和解密

用户登录网上商城是网络通信中常见的加密场景。例如，输入密码时，页面的网址应以"https://"开头，而不是"http://"。"https://"表示在通信过程中采用了 TLS（**传输层安全性协议**）加密。从前，该加密方式是通过 SSL（安全套接层协议）实现的，因此实践中仍常见"TLS/SSL"的写法。不过，SSL 已在 2023 年正式废弃，不再被认为是安全的协议。

因为 http 后面有 s，所以是 TLS 通信

如果是 TLS 通信，网址旁边会显示一个锁形图标

▲ 进行 TLS 通信时的浏览器网址栏（URL 栏）

如果用户登录时的通信已加密，即使被恶意第三方拦截，密码等敏感信息也不会以明文形式泄露。相反，如果密码输入页面的网址以"http://"开头，就可能意味着通信未加密，此时存在被窃听的风险，用户需要格外警惕。

有关加密技术的原理与分类，将在第 4 讲中详细介绍。

# 第 27 讲 什么是监控?

　　在物理安全领域, 监控是一种常见且重要的安全措施。典型做法是在住宅、建筑物出入口等位置安装监控摄像头, 用于记录进出人员的活动情况; 也常用于公共交通站点、商场等公共场所, 以监控现场状况。这些监控记录的视频图像可作为事后调查犯罪或异常行为的重要证据。

在网络安全领域，监控同样是一项关键的防护手段。此类监控的对象包括**网络中传输的数据、存储的文件，以及系统在运行过程中生成的操作记录，即日志（log）**。

日志是**记录数据通信行为或程序运行状态的文件**，广泛存在于各种网络设备和软件系统中，并根据各自的功能记录相应信息。日志文件通常以时间戳、事件类型、操作对象等结构化文本格式（如 .txt）或表格格式（如 .csv）进行保存。

```
C:\Users\Yokubo\Downloads\Y    + ∨                                                    □  ×
17:22:50.284750 IP6 brandon.59463 > ff02::1:3.5335: UDP, length 45
17:22:50.284898 IP brandon.59463 > 224.0.0.252.5335: UDP, length 45
17:22:50.700747 IP6 brandon.59463 > ff02::1:3.5335: UDP, length 45
17:22:50.700875 IP brandon.59463 > 224.0.0.252.5335: UDP, length 45
17:22:56.091982 IP brandon.51198 > 239.255.255.250.1900: UDP, length 175
17:22:56.103262 IP brandon.51198 > 239.255.255.250.1900: UDP, length 175
17:22:56.243963 IP6 brandon.53760 > ff02::1:3.5335: UDP, length 90
17:22:56.244102 IP brandon.53760 > 224.0.0.252.5335: UDP, length 90
17:22:56.661753 IP6 brandon.53760 > ff02::1:3.5335: UDP, length 90
17:22:56.661901 IP brandon.53760 > 224.0.0.252.5335: UDP, length 90
17:22:57.106216 IP brandon.51198 > 239.255.255.250.1900: UDP, length 175
17:22:58.112943 IP brandon.51198 > 239.255.255.250.1900: UDP, length 175
17:23:02.185441 IP6 brandon.59756 > ff02::1:3.5335: UDP, length 42
17:23:02.185629 IP brandon.59756 > 224.0.0.252.5335: UDP, length 42
17:23:02.519431 IP6 brandon.59756 > ff02::1:3.5335: UDP, length 42
17:23:02.519533 IP brandon.137 > 224.0.0.252.137: UDP, length 50
17:23:02.519550 IP brandon.137 > 239.255.255.250.137: UDP, length 50
17:23:04.033611 IP brandon.137 > 224.0.0.252.137: UDP, length 50
17:23:05.547103 IP brandon.137 > 224.0.0.252.137: UDP, length 50
17:23:18.692705 IP brandon.17500 > 192.168.44.255.17500: UDP, length 236
17:23:19.080530 IP6 brandon.55906 > ff02::1:3.5335: UDP, length 46
17:23:19.080576 IP brandon.55906 > 224.0.0.252.5335: UDP, length 46
17:23:19.499187 IP6 brandon.55906 > ff02::1:3.5335: UDP, length 46
17:23:19.499212 IP brandon.137 > 239.255.255.250.137: UDP, length 50
17:23:19.499213 IP brandon.55906 > 224.0.0.252.5335: UDP, length 46
17:23:21.003225 IP brandon.137 > 239.255.255.250.137: UDP, length 50
17:23:22.506780 IP brandon.137 > 239.255.255.250.137: UDP, length 50
17:23:48.890745 IP brandon.17500 > 192.168.44.255.17500: UDP, length 236
17:24:00.630173 arp who-has 192.168.44.2 tell brandon
17:24:01.854331 arp who-has 192.168.44.2 tell brandon
```

▲ 网络日志示例

该日志表示的是"谁，在什么时候，在哪个位置，进行了什么样的通信"。例如，从最上方的一条记录可以得知通信的起始时间、通信源地址与目的地址、所使用的协议类型等信息。

▲ 网络日志的组成

不同系统所生成的日志各不相同。例如，服务器通常会记录网络日志，包含"从哪个 IP 地址在何时发起通信"的信息；软件系统可能记录用户的登录时间、操作行为、注销时间等用户活动日志。而无线路由器的日志中可能包含认证请求、连接失败记录，以及频段或信道切换的信息。

| 日志的种类 | 记录日志的设备或系统 |
| --- | --- |
| · 网络日志<br>· 事件日志<br>· 访问日志<br>· 认证日志<br>· 操作日志<br>· 错误日志 | · 智能手机<br>· 个人计算机<br>· 路由器<br>· 服务器<br>· 应用程序 |

▲ 各种日志

通过**对日志的实时监控与分析，能够在攻击行为发生前发现风险征兆，并在必要时及时切断通信，减少可能的损害**。例如，通过分析"某用户在异常时间段登录系统并执行非授权操作"等日志信息，能够帮助安全人员迅速识别攻击行为并采取应对措施。同时，日志也是事后追踪攻击来源、分析攻击手段与评估受损情况的重要依据。若系统未有效保留关键日志记录，甚至可能导致攻击行为无法被发现。

在日志监控与威胁检测方面，入侵检测系统（IDS）与入侵防御系统（IPS）是常见的自动化安全防护工具，详见下一讲。

**专栏 4　网络安全领域常见的资格认证** [①]

在中国的网络安全领域，有若干权威的资格认证，主要面向 IT 系统架构师、网络安全工程师、项目管理人员等专业人士。其中，由中国信息安全测评中心统一授权组织的国家注册信息安全专业人员（CISP）认证，是网络安全行业最具权威性的资格认证之一。CISP 认证下设多个专业方向，包括"注册信息安全工程师"（CISE）、"注册信息安全管理人员"（CISO）等。

此外，个人还可以报名参加国家信息安全水平考试（NISP）。该考试同样由中国信息安全测评中心组织并颁发证书，分为 NISP 一级、二级和三级（专项）。

- NISP 一级：主要面向全社会普及信息安全意识与数据保护基础知识，适用于非 IT 专业人士。

- NISP 二级：在一级的基础上增加了网络安全技术基础内容，适合初级技术人员；持有 NISP 二级证书满两年后，可免试申请 CISP-E（工程方向）或 CISP-O（运营方向）证书。

- NISP 三级：旨在培养网络空间安全高端人才，适合持有 NISP 二级证书者，或计算机、财会相关专业的在校专科生、本科生及社会从业人员报考。

将视野扩展到国际范围，国际注册信息系统安全专家（CISSP）认证是当前全球最受认可的网络安全专业资格认证之一。该认证由国际信息系统安全认证联合会（ISC）组织实施。在网络安全行业，拥有"CISSP"头衔不仅体现了持证人的专业水平，更被视为专家级人才的标志。

---

① 结合中国有关法律法规和实际情况，本文根据原文意思做了适应性修改。——译者注

# 第(28)讲 检测并拦截攻击

在物理安全领域，监控通常用于防止入侵行为，如通过摄像头监控建筑物的出入口或内部区域。而在网络安全领域，监控的对象则转向网络空间，其目标是检测并阻止针对企业或组织网络系统的入侵行为。

实现网络攻击检测与防御的关键机制包括**防火墙、入侵检测系统**（IDS）、**入侵防御系统**（IPS）等。这些系统通过实时监控传入和传出的通信数据，一旦识别非法或异常通信流量即发出警报，甚至直接中断通信，以保护网络安全。

"防火墙"一词初见于建筑结构，作用是防止火势蔓延。例如，发生火灾时，配置于走廊等关键位置的实体防火墙可以阻断火源蔓延至其他区域，从而降低损失。

在网络安全领域，防火墙具有类似作用：它充当着**外部网络（如互联网）与内部网络（如局域网）之间的"边界哨兵"**，负责监视并控制进出数据包的流向。若检测到来自外部的非法访问，防火墙会立即加以封锁，以防攻击进入内部系统。

**入侵检测系统**（IDS）用于**监控网络流量和系统活动**。它能够检测潜在的威胁行为，如恶意攻击、未授权访问或违反安全策略的操作。一旦检测到疑似攻击行为，IDS 将立即向系统管理员发出警报。但需注意的是，IDS 仅具备"被动检测和报警"的能力，通常不具备自动拦截威胁的功能。

相较之下，**入侵防御系统**（IPS）是在 IDS 基础上的进一步扩展。IPS 不仅能够检测潜在的攻击行为，还能实时采取响应措施，如**自动拦截可疑流量、屏蔽攻击者的 IP 地址、终止异常的系统进程**等。IPS 具有主动防御机制，在防护效果和安全响应速度上更为高效。

在组织层面，为了实现对整个网络环境的持续监控与快速响应，通常会组建或依赖**安全运营中心**（SOC）。SOC 负责实时收集、分析和应对来自各类安全系统（如防火墙、IDS/IPS 等）的警报信息，并对潜在攻击做出快速处置。

除了 SOC，另一个关键角色是**计算机安全事件响应团队**（CSIRT），它专注于安全事件发生后的应急响应和处置措施。与 SOC 主要关注"日常监控、预警、预防"不同，CSIRT 侧重于在安全事件发生后进行技术分析、缓解影响和恢复服务等工作。

无论是 SOC 还是 CSIRT，两者都可能作为组织内部的常设部门存在。也可以通过与第三方安全服务供应商合作，以外包形式提供相关服务。它们在保障信息系统安全、提高事件响应效率方面，均发挥着至关重要的作用。

# 第 29 讲 管理组织和人员

安全的基本要素⑤：管理和控制 /// ☑ ISMS ☑风险评估

　　面对网络攻击的威胁，即使采用认证、授权等安全技术构建了严密的防御措施，也仍不足以完全保障信息安全，根本原因在于**技术的执行者是人和组织本身**。

　　例如，无论密码认证机制多么严谨，如果用户将密码写在便签上并贴在显示器上，其安全性就无从谈起。此外，有些员工可能会在未加密的情况下将敏感文件传输至公司外部，或忽视操作系统的安全更新，导致终端持续处于易受攻击的状态。

　　无论引入多么优秀的系统，如果不能妥善管理使用该系统的人或组织，网络攻击的风险仍然会很高。因此，公司等组织需要制定规则以确保其成员能够正确行事，并检查这些规则是否得到遵守，从而进行管理和控制。

　　为在组织内部系统性地进行信息安全管理，可构建**信息安全管理体系**（ISMS）。ISMS 的框架已通过国际标准 **ISO/IEC 27001**（详见第 17 讲）予以规范，涵盖风险评估的设计、内部审计的执行等关键环节。

　　**风险评估**是指识别工作环境中的潜在风险，对其进行分类和优先级排序，制定应对策略，并在事件发生时进行记录和处置的全过程。在网络安全领域，风险评估要求预判企业或服务可能遭受的攻击类型，并提前制定应急响应计划。第 33 讲介绍的威胁分析，同样包含风险评估。虽然 ISMS 关注的是组织层面的整体风险，而威胁分析侧重于系统层面，但两者在方法和目标上是相通的。

　　验证组织内部的信息安全管理体系是否合理构建并有效运行，有一套被称为 **ISMS 认证**的评估机制。通过该机制的审查，组织可获得 ISMS 认证。尽管认证过程可能伴随一定的成本支出，但它有助于提升组织的安全水平、降低运营风险，并在对外沟通中彰显其符合国际安全标准。与地方政府或行政机构等进行合作时，有时也会被要求具备该项认证。

# 第 30 讲　法律与制度约束 ①

　　遵守组织内部的安全规范固然重要，但同样必须严格遵守与网络安全相关的法律法规。在中国，涉及网络安全的主要法律包括**《中华人民共和国网络安全法》《中华人民共和国数据安全法》《中华人民共和国反电信网络诈骗法》**等。此外，《中华人民共和国刑法》中也设有多项涉及网络安全的条款，如"**非法利用信息网络罪**""**帮助信息网络犯罪活动罪**""**非法侵入计算机信息系统罪**""**非法获取计算机信息系统数据、非法控制计算机**

---

① 结合中国有关法律法规和实际情况，本文根据原文意思做了适应性修改。——
　译者注

信息系统罪""提供侵入、非法控制计算机信息系统程序、工具罪"以及"破坏计算机信息系统罪"等。

若非法获取他人账号及密码,并获取较大量个人信息,或将此类信息出售、提供给他人以谋取利益,可能构成"侵犯公民个人信息罪"。例如,如果某人在未经授权的情况下使用他人网上银行密码登录账户,并执行删除、修改或增加操作,造成重大经济损失,则可能构成"破坏计算机信息系统罪"。

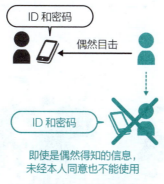

即使是偶然得知的信息,
未经本人同意也不能使用

▲ 侵犯公民个人信息的例子

针对恶意软件或计算机病毒的制作与传播,法律设有明确处罚条款。《中华人民共和国刑法》第二百八十六条规定,故意制作或传播计算机病毒等破坏性程序,影响计算机系统正常运行,造成严重后果的,构成"破坏计算机信息系统罪"。此外,若制作并销售可绕过计算机安全防护、用于非法控制他人计算机的木马程序,可能涉嫌"提供侵入、非法控制计算机信息系统程序、工具罪"。若上述恶意软件或病毒被用于非法获取计算机信息系统中的数据,或非法控制系统,并且情节严重,还可能同时构成"非法获取计算机信息系统数据、非法控制计算机信息系统罪"。

因此,了解并遵守相关网络安全法律,对于个人和组织预防法律风险、维护网络秩序至关重要。

# 第 31 讲 什么是最小权限？

**安全设计的原则** ///　　☑最小权限原则　☑访问控制

　　网络安全通常依赖认证、授权、加密、监控和管理等多种技术手段的协同配合。为了充分发挥这些技术的作用，在系统的设计阶段就需要合理配置访问权限等关键参数。其中，一个核心的安全设计理念就是**最小权限原则**。

　　最小权限原则是指用户、程序或系统仅被授予完成任务所必需的最低权限。换言之，权限的赋予应控制在"刚好够用"的范围，以减少潜在的安全风险。

　　这一原则可以通过一个生活场景来形象理解。设想一个从未使用过刀具的孩子走进厨房。他可能只是想从冰箱里拿饮料,或是帮忙端盘子,因此允许其进入厨房本身并无问题。然而,刀具、燃气灶等存在安全隐患,我们自然不希望他接触这些危险器具。因此,我们可能会将刀具放置在高处,或在燃气灶附近设置隔离措施,以防孩子误触,发生危险。这类人为设定的使用限制,就是最小权限原则在现实生活中的体现,其目的在于防患于未然,确保安全。

　　将这一原则应用于软件或系统设计也是同样的逻辑。例如,一个应用程序因功能需求需要读取数据库中的数据,此时我们就应只为其赋予"读取权限"。若不加区分地一并赋予"写入权限",尽管在正常情况下可能并不会造成问题,但若该程序遭到攻击者劫持,便可能被用于修改甚至破坏数据库内容。若程序没有获得写入权限,即使被攻击,恶意操作也将被权限限制所阻止,可有效降低风险与损害。

　　因此,为了将潜在风险控制在最小范围内,我们需要在系统设计之初即贯彻最小权限原则。这是网络安全架构设计中至关重要的基本理念,有助于提升整体系统的抗攻击能力。

# 第32讲 多层防御与多重防御

　　在网络安全的架构设计中，**防御体系**是保障系统整体安全性的关键组成部分。防御体系主要有两种基本策略：**多层防御**和**多重防御**。理解二者的差异及各自的特点，有助于制定更完善的安全对策。

　　**多层防御**是指将防御机制划分为多个相互独立又有机协作的安全层级，通常分为三个层次：**入口防御**、**内部防御**和**出口防御**。每一层都起到特定的防护作用，通过层层设防，实现"纵深防御"的目标。

　　**入口防御**主要用于阻止外部攻击进入系统。例如，利用入侵检测系统（IDS）进行恶意行为监测，或通过防火墙和入侵防御系统（IPS）对异常通信进行拦截。

　　当攻击突破入口时，**内部防御**机制阻止攻击的进一步扩散，控制受损范围。例如，通过访问控制权限的细化、日志审计与监控等手段提升防御能力。对于勒索软件等破坏性强的恶意程序，还可以通过数据备份等手段减少损失。

**出口防御**用于在攻击已造成一定影响的情况下，防止更大损害的发生，如数据泄露或非法通信。例如，可以采用数据加密、终端行为分析（参考第 45 讲）及部署 WAF（参考第 52 讲）等措施，对异常行为进行拦截和处理。

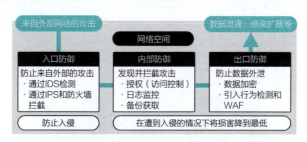

▲ 多层防御结构

**多重防御**强调**在同一安全层设置多个冗余防线**。例如，在网络入口部署多重验证机制、防火墙、IPS/IDS 等以阻挡非法访问，其核心思路是通过"重复设防"提升单一防线的可靠性。

因此，现代安全架构更强调"即使系统被攻破，也应具备减少损失、防止泄密"的能力，多层防御逐渐成为主流。通过建立覆盖多个阶段的防御机制，即便攻击发生，也能及时侦测、隔离与响应，将负面影响降至最低。

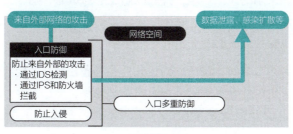

▲ 多重防御结构

# 第 33 讲　威胁分析

**安全设计的原则** ///　　　　　　　　　　　　☑威胁分析

　　如果将网络安全视为"防御网络攻击的过程"，那么**预判攻击者可能采用的攻击手段，并据此制定应对策略**，则成为构建有效安全体系的关键步骤。若无法充分预估潜在攻击类型，就很难设计出具有针对性的防护机制。

　　这种对攻击行为进行预判和分析的过程，被称为**威胁分析**。威胁分析于软件或系统的设计阶段尤其重要。一旦系统开发进入中后期，再补充安全功能往往更为困难，甚至可能需要重构系统。

因此，威胁分析是一种在系统开发的早期阶段（**上游工程** [1]）发挥重要作用的理念。

威胁分析通常按如下步骤展开。

## 1. 明确资产

在系统开发初期，首先应明确系统中哪些信息或服务对组织至关重要，若遭破坏或泄露将造成严重后果。这些关键对象被称为资产。例如，用户的个人信息、企业的财务数据、关键业务系统服务等，都是常见的资产类型。

## 2. 识别资产面临的威胁

明确资产后，需进一步思考这些资产可能面临的**威胁**。威胁是指可能对资产造成损害的事件。例如，针对"个人信息"这一资产，可能的威胁包括"泄露""篡改"或"非法访问"等。

## 3. 假设实现威胁的攻击方式

明确威胁后，需要进一步假设攻击者将如何实现这些威胁。继续以上述"个人信息泄露"为例，攻击途径可能包括"伪装身份非法登录系统并窃取数据"。若分析仍不够具体，可继续细化：例如，该伪装行为可能通过网络钓鱼攻击获取用户凭证，或者利用弱口令实施暴力破解等。

## 4. 评估风险

针对上述攻击方式，需评估其可能造成损害的程度和发生概率，即进行**风险评估**（参考第 29 讲）。例如，分析攻击发生的

---

[1] 在系统开发过程中，系统整体设计阶段通常被称为"上游工程"，主要任务是明确系统的功能与目标，并制定具体的技术规范。而根据这些规范进行编程实现、测试和部署等实际操作的阶段被称为"下游工程"。这类术语广泛应用于软件工程、产品设计等多个领域。

可能性（高、中、低）及其潜在后果（经济损失、声誉受损、法律责任等），从而判定风险等级。

### 5. 针对高风险项制定缓解对策

若某些攻击方式的风险评估结果为"高风险"，则应优先制定防御措施。例如，对于账号被钓鱼攻击的风险，可引入多因素认证机制，提升账户安全性。

通过上述流程，威胁分析可系统性地识别潜在安全隐患，并辅助在安全设计中采取针对性防御措施。整理出的威胁分析成果通常以表格或图示的方式呈现，便于项目团队共享和应用。

此外，在实际发生**安全事件**（如数据泄露、勒索软件攻击等）时，组织也会参考先前的威胁分析结果进行应急响应与取证分析。

这里介绍的是"以资产为起点"的威胁分析方法。此外，还存在其他分析方法，如"基于攻击者视角"的分析等，感兴趣的读者可参考国家计算机网络应急技术处理协调中心（CNCERT/CC）[1]等权威机构发布的指南。

当然，如此详细的威胁分析主要适用于系统开发者、安全架构师和信息安全负责人等专业角色。但即使是普通用户，在使用新设备或安装新应用时，也可借鉴威胁分析的基本理念，主动识别安全隐患，提升安全意识。

---

[1] https://www.cert.org.cn/publish/main/34/index.html.

# 仅依赖隐藏
# 不足以保障安全

**安全设计的原则** ///                               ☑逆向工程

在网络安全领域，存在这样一个基本原则： "**仅依赖隐藏不足以保障安全**"。换言之，系统的安全性不应建立在对结构与规范的隐藏之上。所谓 "通过隐藏实现的安全"，是指试图以不公开系统的内部机制来防止攻击的发生。

以智能手机应用程序为例。这类应用程序通常由开发者使用高级编程语言编写，但计算机并不能直接理解这些语言。为了使程序能够被计算机正确执行，需要将其转换为计算机可以理解的**机器语言**，这个过程被称为**编译**。

最终提供给用户和在设备上运行的，是编译后的可执行程序，一般难以被普通用户直接读取或理解。鉴于这一点，似乎程序内容受到了保护，不必担心被查看或篡改。然而，程序中可能包含某些关键逻辑，一旦被恶意用户读取或修改，便可能造成严重影响。例如，在某些游戏中，如果用户通过修改程序获得高分，则该系统的激励机制将被破坏。

虽然分发的程序是编译后的版本，但以现今技术手段足以破解隐藏内容。例如，**逆向工程**技术能够将机器语言还原为编程语言的形式，它常被用于**破解**、**作弊**等行为。除非辅以第 4 讲介绍的加密等安全措施，否则单靠隐藏无法有效防止程序被分析或篡改。

因此，我们必须摒弃"隐藏即安全"的观念，从系统设计阶段起就要确保：**即便程序内容被恶意查看，攻击者也无法通过分析程序获取秘密信息或实现非法操作**。

加密技术就是实现这一目标的重要手段之一。接下来的**第 4 讲**将进一步介绍支撑网络安全基本要素和理念的具体技术方案。

# 第 **4** 章 了解保护信息安全的技术

本章将介绍实现第 3 讲所述网络安全基本要素的各类关键技术，内容涵盖加密技术、硬件与操作系统层面的安全机制、安全性测试方法、异常检测技术，以及用户可自行实施的基础安全措施等。

乍一看可能有些突兀，但请先尝试解密这组字符：

> IFMMP

感觉有些困难，对吧？那我们再看一个例子：

> OLLEH

这下很多人可能就识破了——它是将"HELLO"（你好）的字母顺序反转而成的。这种通过改变字符排列顺序进行加密的方法，被称为**换位加密**。

现在，让我们回过头来解密"IFMMP"。此次我们使用的方法是将每个字母按英文字母表顺序替换为前一个字母，例如：

- I→H；
- F→E；
- M→L；
- M→L；
- P→O。

根据以上规则，解密"IFMMP"后得到"HELLO"。这种按照某一规律将字符代换为不同字符的加密方法，被称为"代换加密"。

▲ 换位加密和代换加密

正如第 18 讲提到的，**加密**是实现信息安全三大核心要素（即保密性、完整性、可用性）的重要手段之一。如果缺乏加密保护，邮件内容、浏览记录以及用户在网上购物时输入的个人信息等都可能被轻易窃取。通过对通信内容及服务器中保存的数据进行加密，可以有效防止信息被攻击者非法获取。

在历史上，包括换位密码和代换密码在内的这类**古典密码**曾被广泛使用，直到如今仍在某些简单场景中出现。然而，古典密码往往容易被人工破解，若借助计算机进行统计分析，破解就更容易了。我们如今使用的**现代密码**，在数学上很难破解，能够有效应对复杂的数据保护需求。关于现代密码技术，我们将在第 36 讲中详细介绍。

# 第 36 讲　现代密码学的机制

密码 ///　　　　　　　　　　　☑解密　☑明文　☑密钥

　　现代密码学的显著特征是"加密和解密均依赖**密钥**"。**解密**是将加密文本（**密文**）还原为原始文本（**明文**）的过程。用于保护信息的密钥与日常使用的物理钥匙（如房屋钥匙）在形态上截然不同。在现代密码学中，密钥通常是一段**对第三方保密的字符串或数值**。

　　密码系统根据密钥的内容对原始文本进行数学变换，生成加密后的密文。为了增加破解难度，这些数学变换通常基于复杂的数学理论。

在现代密码学中，**RSA 算法**是一种典型的非对称加密技术，其安全性依赖大整数分解的困难性。RSA 算法的核心原理是**素因子分解**：将两个大素数相乘得到一个大整数是相对简单的操作，但反过来，从这个大整数分解出原始的两个素数却极其困难。

或许你对"通过数学变换处理文本"这一概念感到不够直观。实际上，**计算机将文本视为数字序列来处理**。虽然具体机制较为复杂，此处不做深入展开，但简言之，对计算机而言，对普通文本进行数学变换是一种自然的操作方式。

通过上述方式，经过数学变换后的文本即为**密文**。仅凭明文无法生成密文，仅凭密文也无法解密，这些需要密钥。因此，只要确保密钥不被第三方获知，即使密文被获取，也难以还原为明文。

▲ 现代密码学和密钥

由于加密和解密均依赖密钥，一旦密钥泄露，密文的安全性将不复存在。因此，在现代密码学中，**如何安全地管理和保护密钥，防止其被他人获取**，是至关重要的问题。

# 第 37 讲 常见的加密技术

密码 /// ☑对称加密 ☑公钥加密 ☑哈希函数

加密技术根据用途可以分为几种，下面介绍常见的三种。

第一种是**加密密钥**和**解密密钥**相同的对称加密，适用于以下场景：

- 通信双方共享同一密钥，用于加密通信内容以防止第三方窃听；
- 个人对数据进行加密存储，随后自行解密查看。

▲ 对称加密

第二种是加密密钥和解密密钥分离的**公钥加密**，适用于希望任何人都能进行加密，但只有特定人员才能解密的场景。

加密密钥（**公钥**）是公开的，任何人都可以使用；而解密密钥（**私钥**）仅由能够解密的一方持有。这种机制广泛应用于电子签名等领域。

▲ 公钥加密

此外，在需要加密的信息中，有些数据（如密码）并不需要解密。以用户密码为例，注册时将密码加密后保存为加密值，登录时将输入的值再次加密并与保存的值进行比对即可。这种情况下，通常使用一种单向函数——**哈希函数**进行转换。

"哈希"（hash）一词有"切碎"或"搅拌"的含义。哈希函数通过对原始数据进行复杂的数学处理，生成一个与原始数据完全不同的固定长度值，即**哈希值**。

哈希值几乎无法被逆向还原为原始数据，因此常用于加密。例如，将密码进行哈希处理后存储，即使哈希值泄露，也难以逆推出原始密码字符串。

# 密码是否
# 永远无法破解？

密码 ///　　　　　　　　　☑计算安全性　☑安全性失效

　　第 35 讲提到，现代密码学基于数学理论设计，其安全性源于破解的难度极高。那么，密码是否真的永远无法破解呢？

　　事实上，"无法破解"并不意味着密码绝对不会被攻破。如果投入足够的时间和计算资源，理论上大多数密码都可以被破解，只是**所需时间可能极为漫长，在现实中几乎不可行**。因此，我们通常视其为安全的。这种基于计算难度的安全性被称为**计算安全性**，现代密码学的大多数技术均以此为基础。

　　然而，近年来计算机的算力进步令人瞩目。一些几年前被认为需要几天才能破解的密码，如今可能在极短时间内被攻破。

　　一个典型的例子是 **DES**（数据加密标准），一种对称加密算法。DES 在 1990 年之前被广泛应用，但在 1999 年，有人成功在 24h 内破解了 DES 密码。破解的成功固然与攻击者的技术能力密不可分，但计算机的算力显著提升也是关键因素。从那时起，DES 不再被视为安全的加密方式。

▲ DES 的弱化

　　除了计算机性能的提升，也可能有人找到更快破解某种加密方式的方法。一旦这样的方法被发现，该加密方式也就不再安全了。这种算力提升或攻击技术进步导致加密方式不再安全的情况，被称为加密技术弱化或**安全性失效**。

　　加密技术弱化是随着时间推移和技术发展不可避免的现象。因此，相关政府部门，如国家密码管理局、国家信息技术安全研究中心等，持续对电子政务中使用的加密技术进行评估，并颁布了**《商用密码管理条例》**和**《政务信息系统密码应用与安全性评估工作指南》**等法规和指导文件，旨在指导非涉密国家政务信息系统建设单位和使用单位规范开展商用密码应用与安全性评估工作 [1]。

———————

[1] 结合中国有关法律法规和实际情况，此处根据原文意思做了适应性修改。——译者注

# 第 39 讲 防止外部篡改的设备

## 硬件和操作系统提供的保护 ///    ☑防篡改  ☑ TPM

　　如前所述，现代密码学需要使用密钥，那么密钥应存储在何处？密钥用于加密和解密，如果将其置于加密系统所在磁盘上，那将非常方便。然而，一旦第三方能够访问该磁盘，密钥便可能被读取。因此，**密钥应该存放在第三方无法访问的地方**。

　　讨论密钥存储时，**硬件**的安全性显得尤为重要。硬件是指计算机等电子设备中可物理接触的部分，如设备的机壳和各种组成部分。与之相对，**软件**则指无法物理接触的程序或数据。

　　硬件在安全性方面发挥着关键作用。例如，通过利用具有**防篡改特性**的 IC 芯片来存储密钥信息。这些芯片仅允许外部接收密钥，并验证输入信息是否与存储信息匹配，从而返回验证结果。这样，硬件的防篡改机制确保了密钥的安全。

　　这种防篡改 IC 芯片在日常生活中很常见，信用卡或社会保障卡中就包含此类芯片。社会保障卡的 IC 芯片中存储了用于电子税务（e-Tax）身份证明的证书。

　　此外，计算机操作系统也广泛利用安全硬件。近年来，许多操作系统能够对整个磁盘进行加密，而加密密钥则存储在 **TPM**（可信平台模块）等安全芯片中。TPM 集成了多种安全功能，不仅支持加密密钥和哈希计算，还具备密钥存储能力。有了 TPM 的保护，即使计算机丢失或被盗，第三方也无法访问加密驱动器中的内容。

# 第 40 讲　信任链与信任根

硬件和操作系统提供的保护 ///　　　　☑安全启动　☑RoT

　　截至目前，我们讨论的安全构成要素，如身份验证、访问控制和加密，均由计算机系统执行。然而，**我们真的能够完全信任这台计算机吗？** 它有可能已被恶意软件感染，甚至被攻击者控制。

　　如果执行相关处理的计算机本身并不可靠，那么其实现的身份验证、加密等安全功能也将无法被信赖。这种"什么都无法信任"的情形，类似于电影中"身陷敌营"的场景。在这种情况下，我们迫切需要一个绝对可信的盟友。

假设存在一个绝对可信的主体 A。如果"A 信任的主体 B 同样可信，B 信任的主体 C 也可信"，那么这种传递式信任就可以构成一条**信任链**（chain of trust，CoT）。在这种结构中，最初被信任的 A 被称为**信任根**（root of trust，RoT）。

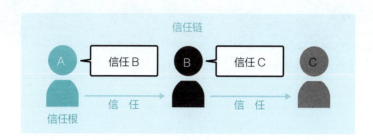

▲ 信任的结构

在网络安全领域，也需要一个"绝对可信"的信任根。信任根通常**以具有防篡改特性的硬件形式存在**，能够确保其内容不会被非法读取或篡改。

作为信任根的硬件，可用于验证其他硬件和软件的可信性，或用于安全存储加密密钥等敏感信息。前文提到的 TPM（可信平台模块）就是这方面的典型代表。

在启动过程中，计算机以此类硬件为基础，按照预定顺序验证各个组件的完整性与可信性，从而实现安全启动。通过这种信任链式的验证机制，计算机可以确保其操作系统、驱动程序和应用程序在受保护的环境中运行。

计算机在启动时，会以这样的硬件为基础，像连接信任链一样依次验证各个组件，实现安全启动。通过这种方式，计算机保证了在其上运行的操作系统、设备和软件的安全性。

# 第 41 讲 什么是安全操作系统?

**硬件和操作系统提供的保护 ///**　　☑安全增强　☑SELinux

　　前文中我们探讨了如何通过具备防篡改特性的硬件（如 TPM）建立计算机系统的信任根，从而实现安全启动，并保障系统各项功能的可靠性。那么，除了硬件本身，操作系统（OS）是否也具备保障安全性的机制呢?

　　事实上，确实存在安全性更高的操作系统，它们通常被称为**安全操作系统**。与通用操作系统相比，安全操作系统通过增强控制机制提升整体系统的安全性。此类操作系统有多种类型，但通常具备**强制访问控制**（参考第 25 讲）和**最小权限原则**（参考第 31 讲）等关键特性。

一方面，具备防篡改特性的硬件可以确保存储与处理的机密信息（如加密密钥）的安全性；另一方面，安全操作系统通过**增强操作系统本身的安全性**，进一步提升了计算机的整体防护能力。

以 Linux 操作系统为例。在标准 Linux 系统中，文件访问权限通常由其所有者或所属用户组设定。尽管这种机制在日常使用中较为灵活，但一旦管理员账号 [①] 被攻击者或恶意程序控制，系统权限可能被随意更改，从而危及整个平台的安全。

相较之下， SELinux 这类安全操作系统采用预配置的访问控制策略来严格限制资源访问。即便是文件所有者或系统管理员，也无法绕过这些策略对权限进行修改。由于权限设定不可随意更改，即使系统遭到攻击，潜在的破坏通常也能被控制在最小限度。

或许有人会提出疑问：既然安全操作系统更安全，为什么不用它全面替代普通操作系统呢？原因在于，安全操作系统虽然提升了防护能力，但也牺牲了部分系统的灵活性。一旦权限策略设定，对于临时需求如"需要修改权限"将难以应对。因此，实际部署时需要权衡应用场景的安全要求、功能需求与运维能力。

截至 2023 年，安全操作系统主要应用于对安全性要求极高的系统环境，如**军事系统**和**金融机构的核心信息系统**。

---

① Linux 的管理员账号为 root。

# 第 42 讲 安全漏洞测试

安全测试 ///　　　　　　　　☑黑盒测试　☑白盒测试

截至目前，我们已经探讨了计算机与通信系统的安全性如何得以保护与保障。接下来，我们将重点关注如何通过**安全测试**来验证系统的安全性。

在系统的开发与运行过程中，为了确认其安全性，必须进行安全测试。该过程通常通过模拟真实攻击或类似攻击行为，验证系统是否存在潜在风险或漏洞。一旦发现问题，这些问题可能就是安全漏洞，须及时修复。

在安全测试中，**黑盒测试**被广泛采用。这种方法不依赖对系统内部结构的了解，只关注系统对**输入**数据的响应（即**输出**）。

测试人员通过逐步输入大量略有差异的数据，观察系统是否出现异常行为。**一旦发现异常输出，即认定可能存在安全漏洞**。

黑盒测试的优势在于，即便不了解系统的内部结构 [1]，也能有效实施。因此，它常被第三方机构作为独立测试手段使用。"黑盒"之名源于其测试方式如同对一个无法看到内部结构的"黑箱"进行操作。

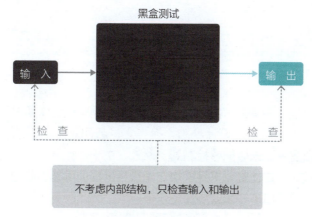

黑盒测试

输　入 ➝ 输　出

检　查　　　　　　　　　　　　　检　查

不考虑内部结构，只检查输入和输出

▲ 黑盒测试的结构

与之相对的是**白盒测试**，又称**透明盒测试**。这种测试基于对系统内部结构、源代码或流程逻辑的理解，主要**验证程序是否按照设计正常运行**。

信息系统通常由众多程序模块组成，将其按功能划分为最小可测试单元的过程，被称为**模块化**。白盒测试常用于验证这些模块能否正确运行，即所谓的**单元测试**。单元测试针对单一模块进行，而非对整个系统进行验证。

---

[1] 内部结构决定了信息在系统内部如何被处理，包括程序的执行顺序、控制流程、数据流动路径以及模块之间的组合方式等。

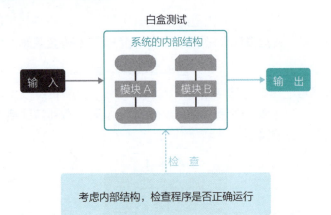

▲ 白盒测试的结构

　　然而，白盒测试的局限在于，它基于现有设计说明书进行验证，因而难以发现设计缺陷。换言之，**若问题源自系统设计阶段，白盒测试未必能够检测到**。此外，由于白盒测试通常仅针对单个模块，**往往难以捕捉模块之间交互过程中可能出现的不兼容问题，如接口不匹配或协作失效等**。

　　在现实的系统开发实践中，一般不会单独采用黑盒测试或白盒测试。开发团队通常倾向于将两者结合，形成一种综合性的测试策略，从不同角度验证系统，力求全面提升系统的安全性与可靠性。

## 专栏5 个人信息与特定个人信息

在本书中，我们多次提及"个人信息泄露"这一安全事件。那么，具体而言，**个人信息**究竟是指什么呢？

个人信息通常是指以电子或者其他方式记录的与已识别或者可识别的自然人有关的各种信息，但不包括匿名化处理后的信息：

- 姓名、出生日期；
- 生物识别信息（如指纹、面部识别数据）；
- 住址、电话号码、电子邮箱；
- 健康信息、行踪信息等。

此外，个人信息的处理活动（如收集、存储、使用、传输等）必须遵循合法、正当、必要的原则。其中，关键在于**能否识别特定个人**。例如，经常被提到的"出生年月日"，仅凭其本身无法直接识别特定个人。

企业持有客户个人信息的情况并不少见。本书中多次提到的网上商店便是典型例子，这些平台通常会保存客户的姓名、地址，甚至信用卡信息等。尤其值得关注的是那些被称为**敏感个人信息**或**特定个人信息**的数据。此类信息泄露，可能会对个人权益造成更为严重的损害。敏感个人信息通常包括：

- 金融账户信息；
- 健康医疗记录；
- 生物识别信息（如指纹、DNA 数据）；
- 未成年人的个人信息。

敏感个人信息受到更为严格的法律保护。处理此类信息时，需采取更高的安全保护措施，并获得用户的明确同意。

黑盒测试的一种常用方法是**模糊测试**。模糊测试通过向系统输入大量随机或异常数据，检测系统是否存在漏洞或异常行为。

在模糊测试中，测试人员会设计多种略有差异的输入数据，例如：

- 在电话号码输入框中输入非数字的字母组合；
- 在限制为 10 个字符的输入框中输入 11 个或更多字符；
- 其他类似的异常输入，以验证系统是否能够正确处理这些意外情况。

模糊测试通常借助自动化工具进行。这些工具能够生成大量随机或变异的测试用例，并持续监控系统的响应行为，以发现潜在的漏洞或系统崩溃。其优势在于可以揭示开发人员未曾预料的输入数据所引发的问题，从而增强软件的安全性。

通过输入上述异常数据，可以观察程序对非预期输入的应对方式。理想情况下，若程序能够对超出 10 个字符的输入执行"截断多余字符"或"提示错误并要求重新输入"等处理，则较为安全。然而，若程序直接接受并处理超过限制的输入数据，则可能为缓冲区溢出等攻击提供可乘之机。

因此，模糊测试的核心在于**通过输入异常数据，检查程序是否会出现异常行为**。其方法可以形象地比喻为"广撒网式测试"，即通过大量尝试来发现问题。相比手动测试，模糊测试的自动化特性使其更高效、便捷。

然而，这种方法的有效性高度依赖输入数据的覆盖范围。若输入数据的多样性不足，可能无法发现某些潜在问题。因此，即便通过了模糊测试，也不应过分自信地认为程序绝对安全。此外，虽然本书不做深入探讨，但值得一提的是，一些更系统化的测试设计方法，如**等价类划分法**和**边界值分析法**，有助于更精准地设计输入数据以提升测试效果。

除了模糊测试，**渗透测试**也是黑盒测试的重要方法。渗透测试旨在模拟真实的攻击行为，尝试入侵系统以评估其安全防御能力。

渗透测试通常在系统开发的最终阶段实施，尤其是在系统部署到实际运行环境之前。虽然开发者或系统所有者可以自行开展测试，但渗透测试需要较高的安全专业知识，自行实施往往存在难度。因此，经常会委托专业的安全测试机构来进行。

我们日常使用的各类系统，通常通过综合运用上述测试方法来验证其安全性，确保系统能够抵御潜在威胁。

# 第 **44** 讲　端口扫描

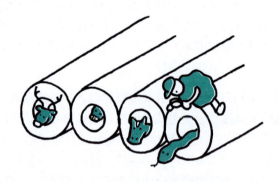

　　安全测试不仅可在系统开发阶段进行，还可用于检测个人计算机是否存在易被外部攻击的风险。这就是**端口扫描**。

　　计算机上设有多个用于接收各种网络服务的"入口"，这些入口被称为端口[①]。端口编号范围为 1 ~ 65535，不同服务通常使用特定的端口号。例如，Web 服务通常使用 80 号或 443 号端口，邮件发送与接收服务常使用 25 号或 587 号端口等。

---

[①] 更准确地说，是 UDP/TCP 端口。UDP 是一种类似于 TCP 的通信协议，端口号是按照协议分配的。

如果是电子邮件，则使用 25 号端口

如果是网页，则使用 80 号端口

... 23　24　25　26　27 ...　　... 78　79　80　81　82 ...

端　口　　　　　　端　口

▲ 端口号和服务

通过端口扫描，可以轻松确认某台计算机上哪些端口处于开放状态。理想情况下，应仅开放必要的端口。如果一些未被使用的端口也处于开放状态，攻击者可能会利用这些端口进行入侵。用家庭安全做类比，这如同后门未上锁，敞开着迎接不速之客。

如果不必要的端口处于开放状态，攻击者可能通过这些端口入侵计算机，从而控制系统或植入恶意软件。要注意的是，**攻击者同样可以使用端口扫描工具来探测开放端口**。尽管端口扫描工具原本是为安全测试设计的，但若用于未经授权的他人计算机，则可能构成滥用行为。

实际上，利用开放端口发起的攻击较为常见。例如，攻击者常将 23 号端口（Telnet[①]，用于远程登录和操作计算机）和 80 号端口（用于 Web 服务）作为入口，入侵物联网（IoT）设备，并发起 DDoS 攻击。

对个人计算机进行端口扫描相对简单。以 Windows 系统为例，操作步骤如下。

---

① Telnet 是一种用于远程操作计算机的协议。由于其通信内容未加密，存在安全隐患，因此目前几乎不再使用。取而代之的是 SSH，这是一种能够对通信内容进行加密的远程操作协议。

① 同时按下 Windows 键和 R 键，在弹出的"运行"对话框中输入"cmd"，启动**命令提示符**。命令提示符是一个黑色的界面，用于运行命令。

② 在命令提示符中输入"netstat-a"，然后按下 Enter 键，即可查看当前计算机上正在使用的端口列表。

③ 在输出结果的"本地地址"列中，IP 地址（如 0.0.0.0 或 127.0.0.1）后的冒号（:）后面的数字即为正在使用的端口号。你可能会发现，许多端口处于开放状态。

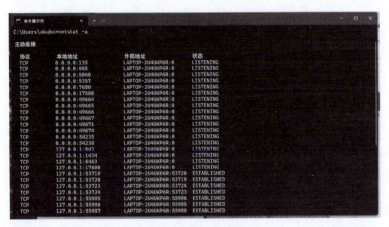

▲ 执行端口扫描的样子

端口号由 <u>IANA</u>（互联网号码分配机构）负责管理，可在其官方网站上查询每个端口号对应的服务。然而，全面掌握每个端口的用途对普通用户而言并不现实。

此外，关于 80 号端口，若仅用于浏览器浏览网页，通常可以将其关闭而无明显影响。但在某些在线对战游戏中，可能需要开放该端口以确保正常游戏体验。因此，是否关闭某个端口需要依据具体使用场景判断。

　　因此，用户无须时刻使用上述方法检查并掌握所有端口的状态。但偶尔查看并思考"这个端口用于何种服务"，有助于提高网络安全意识和知识水平。

　　此外，建议检查那些常被网络攻击利用的端口是否处于开放状态。IT 相关新闻有时会报道被滥用的端口号等详细信息，而像 JVN 这样的安全漏洞数据库（参考第 14 讲）提供了更准确的技术信息。

　　关闭开放端口的方法因计算机环境而异。在 Windows 系统中，通常可以通过调整防火墙设置来关闭不需要的端口。

# 第 45 讲 恶意软件检测

过去，为了检测恶意软件，常用的一种方法是**模式匹配**。模式匹配是指**预先将恶意软件的文件特征（即模式）注册到数据库中，然后检查目标文件是否与这些已知特征相符**。

然而，随着恶意软件种类及其变种数量的迅猛增长，仅依靠模式匹配已无法有效检测所有恶意软件。因此，近年来开始采用一些新的检测方法，如基于**机器学习**等技术，其原理与传统方法有所不同。

机器学习是一种通过向计算机输入大量数据，使其学习数据中的模式，从而对各类对象进行分类或识别的技术。基于机器学习的检测方法之一是行为检测。行为检测并非根据文件的结构特征进行判断，而是通过分析文件是否表现出恶意软件的行为模式来确定其性质。例如，**根据检测文件是否会自我复制、是否擅自删除或修改计算机系统内部文件等行为，判断其是否为恶意软件**。与模式匹配相比，行为检测有望识别出新型或未知的恶意软件。

行为检测通常通过在被称为**沙箱**的虚拟环境中实际运行目标程序来进行验证。沙箱是一种隔离的测试环境，即使遭受攻击，也不会对外部系统造成影响。因此，即便恶意软件在沙箱内运行，也不会导致实际计算机系统被感染。行为检测也被称为**动态启发式检测**。

此外，还有一种被称为**静态启发式检测**的方法，同样用于分析行为，但不是通过运行程序，而是通过读取程序代码来预测其可能的"行为"。

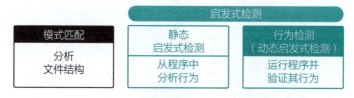

▲ 各种检测方法

目前，尽管一些具备行为检测功能的安全软件已开始面向企业用户提供，但对于普通用户，基于人工智能（AI）的先进检测工具仍不易获取。不过，安全软件仍在不断进化，以应对日益复杂的网络攻击。

# 第 46 讲　常见的网络攻击检测技术

为了判断通过网络传输的通信是正常通信还是攻击行为，可以通过检查其是否符合以下条件来识别：

- 是否来自被允许的端口；

- 是否来自被允许的地址。

用于识别攻击的列表被称为**黑名单**，而用于识别正常通信的列表被称为**白名单**。基于**列表的检测**通常被集成在防火墙等设备的访问控制规则中。

　　此外，近年来还出现了一种被称为**异常检测**的方法。异常检测通过**分析通信的特征**（如连接时间、通信模式、连接来源、操作类型等），识别出与正常行为显著偏离的情况，并将其标记为可疑异常行为。例如，一个通常仅在工作时间（9:00–17:00）由普通员工访问的系统在深夜被访问，这种行为与常规模式不符，因此会被判定为可疑异常。

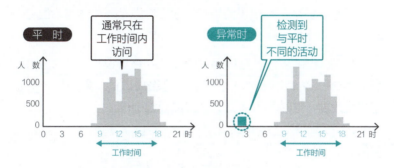

▲ 通过异常检测发现异常

　　这种检测方法在云服务中得到了广泛应用。例如，在使用 Gmail 等服务时，若通过平时不常用的设备进行访问，可能会收到"检测到异常登录环境"的通知。这正是利用异常检测技术来识别可能的伪装或未授权访问行为。

　　异常检测中也常使用机器学习技术，以提高检测精度和适应性。

在第 21 讲中，作为应对可用性攻击的对策，我们提到了"引入检测和防止非法访问的软件"。这些"软件"主要包括防火墙、入侵检测系统 / 入侵防御系统（IDS/IPS，参考第 28 讲）和 Web 应用防火墙（WAF，参考第 52 讲）等。

尽管这些系统均用于监控网络通信并阻止非法通信，但它们的作用和工作层级存在一定差异。

如第 15 讲所述，互联网基于 TCP/IP 协议构建。在 TCP/IP 模型中，通信被分为四个层级：**网络接口层**、**网络层**、**传输层**和**应用层**。这被称为 **TCP/IP 分层模型**。

防火墙、IDS/IPS 和 WAF 各自工作的层级和职责有所不同。

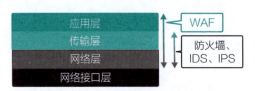

▲ 防火墙、IDS/IPS、WAF 的区别

简单来说，**防火墙和 IDS 主要负责监控与外部的通信，而 IPS 则在 IDS 检测到威胁后采取行动予以拦截**。这些系统主要针对外部通信所在的**网络层**和**传输层**进行防护。另一方面，**WAF 主要监控应用层，即邮件、游戏等实际运行的应用程序所在的层级，专门检测针对应用程序漏洞的攻击并拦截相关通信**。

综上所述，这些系统在防护的层级和具体角色上各有侧重，共同构建多层次的网络安全防线。

# 第 **5** 章 网络攻击的原理

在本书的最后部分，我们将对网络攻击的基本原理进行讲解。由于网络攻击的种类繁多，无法逐一详述，本章以新闻等媒体中常见的攻击类型为中心进行总结。在阐述攻击原理的同时，也会介绍相应的应对措施。

# 第 47 讲

## 大家都想放弃密码认证

**针对密码的攻击** ///

☑密码认证的局限性

我们在众多服务中使用密码。那么，你是如何设置密码的呢？

① 因为记不住，所以使用生日（如月 + 日的四位数字）作为密码。

② 使用自己喜欢的词语作为密码。

③ 在所有服务中重复使用相同的密码。

遗憾的是，这么设置密码非常容易被攻击者破解，存在高风险。

正如第 23 讲所述，密码是身份认证的一种手段。如果设置的密码容易猜测，那么被冒名顶替的风险将显著增加。

然而，我们日常使用的 Web 服务往往不止一两项，许多人可能同时使用了几十甚至上百种需要密码的服务。在这么多服务中**为每一项设置一个难以猜测且各不相同的密码，并全部记住，不太现实**。因此，尽管大家都知道"不能使用简单的密码""不能重复使用密码"，但在实际操作中，很多人仍然会设置易于记忆的密码。

从服务提供方的角度来看，他们当然不希望用户使用这种弱密码。然而，如果将密码设置规则设计得过于复杂，用户可能因难以记忆而放弃使用该服务。

**密码设置简单则容易记忆，但安全性低；设置复杂则安全性较高，但难以记忆**。这正是密码认证长期以来面临的困境。近年来，虽然密码管理工具和浏览器能够帮助我们存储密码，但如果这些工具或浏览器本身发生信息泄露，存储的密码将毫无安全性可言。它们虽然使用便利，但并非根本性的解决方案。

实际上，**无论是服务提供方还是用户，都希望彻底放弃密码认证**。然而，由于目前尚未出现一种能够完全替代密码认证的成熟方法，我们只能继续依赖密码认证。这一问题短期内难以彻底解决，因此在未来一段时间内，我们可能仍需使用密码。

鉴于此，在现阶段我们有必要了解一些关于密码安全的知识。接下来，我们将逐一分析用前面提到的方式①~③设置的密码，具体会遭受何种攻击而被破解。

# 第 48 讲　穷举攻击

　　让我们考虑一个四位纯数字密码的场景。如果攻击者已知"密码为四位数字",并采用**穷举攻击**,那么攻击者会从"0000"开始尝试,若不成功则继续尝试"0001""0002"……直至"9999",遍历所有可能的四位数字组合。

　　在这种情况下,从"0000"到"9999"共有 10 000 种组合。虽然 10 000 看似是一个较大的数字,但通过计算机自动化尝试,这一过程几乎可以在瞬间完成。

　　这种系统性尝试所有字符组合的攻击方式又被称为**暴力破解攻击**。

　　那么，如果密码长度为 8 位，且由数字、大小写字母组成，情况会如何呢？可用字符共有 62 种（26 个大写字母 +26 个小写字母 +10 个数字）。

▲ 密码可用字符的种数

　　使用这 62 种字符创建 8 位密码时，组合总数为 $62^8$，计算结果约为 $2 \times 10^{14}$——相当于一个带有 14 个零的数字（200 000 000 000 000）。那么，这样的密码是否足够安全呢？

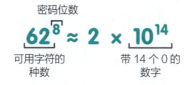

▲ 密码组合数的计算

　　遗憾的是，答案是否定的。例如，曾经广泛使用的加密算法 DES（数据加密标准），其密钥长度为 56 位（bit）。由于密钥是 56 位的二进制数，共有 $2^{56} \approx 7 \times 10^{16}$ 种组合，比前述 8 位字母数字密码的组合数还要多。然而，即便如此，DES 在 1999 年已被成功破解。

　　与过去相比，当今计算机的计算能力显著提升，曾经被认为难以破解的密码如今可能只需几小时即可攻破。此外，随着云计算服务的普及，只要愿意支付费用，就能获取强大的计算能力。

因此，评估密码安全性时，与其考虑"破解需要多长时间"，不如考虑"破解所需的成本是多少"。

鉴于此，很难一概而论地定义什么样的密码是安全的。不过，截至 2023 年，越来越多的网站**建议使用长度超过 10 位，包含大小写字母、数字和特殊符号的密码**。

到目前为止，我们讨论了穷举攻击，但还存在另一种攻击方式，即反向暴力破解攻击。反向暴力破解攻击是指攻击者使用如"1234""password"等常见且易于猜测的密码，针对不同的用户 ID 进行尝试。

如果设置的密码过于简单，不仅密码本身容易被破解，而且在面对针对用户 ID 的攻击时也显得十分脆弱。因此，为防止反向暴力破解攻击，设置难以猜测的复杂密码至关重要。

**改密码为什么这么麻烦?**

　　曾经尝试更改密码的用户,可能都有过"为什么这么麻烦?"的疑问。在大多数在线服务中,当你试图更改密码时,常常需要输入个人信息、回答安全问题(很多人可能已经忘记了当初的答案),输入注册邮箱或手机收到的验证码……总之要经历一系列验证步骤。有些人可能会想,与其这么麻烦,不如直接联系客服,让他们告诉我原来的密码。但事实上,这种看似烦琐的流程是出于安全考虑而设定的。

　　首先,服务提供方之所以不能直接告知原始密码,是因为**系统本身并不以明文形式存储密码**。正如在第 37 讲所述,**密码在存储前通常会经过哈希处理,而哈希是一种不可逆的加密算法**。这意味着,即使是服务提供方自身,也无法从哈希值中还原出原始密码。如果某项服务在你提出请求后直接通过电子邮件告知原始密码,那么该服务的安全机制就值得怀疑了。

　　其次,更改密码时之所以需要回答安全问题或进行多重验证,是为了**确认当前请求操作的是账户的真正持有者**。通常,用户只需输入正确的当前密码即可完成身份验证。但在忘记密码或无法登录的情况下,系统无法通过此种方式验证身份,因此需要额外的信息来确认申请者是否为本人,从而防止他人冒用身份实施密码重置。

　　因此,这些看似烦琐的步骤实质上是为了增强账户的安全保障,防止密码被他人非法更改。

# 第 49 讲　字典攻击

　　为了便于记忆，许多人倾向于使用有意义的单词作为密码。然而，密码破解工具正是基于这一习惯发展出了一种名为**字典攻击**的破解方式。

　　所谓字典攻击，是指攻击者预先准备包含大量**常见单词**（如"password""admin"等）、短语或密码组合的**列表**，逐一尝试匹配用户密码。这种利用列表进行枚举尝试的攻击方式，有时也被称为**列表攻击**。

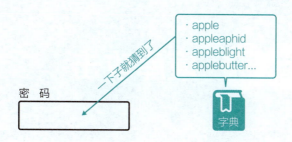

· apple
· appleaphid
· appleblight
· applebutter...

一下子就猜到了

密码

字典

▲ 逐一尝试字典中收录的单词

　　作者曾在遗忘某个 ZIP 压缩文件的密码时，使用结合字典攻击和暴力破解攻击的密码分析工具来恢复密码。结果显示，对于一个大约为 6 位字符的密码，该工具只需几分钟就能完成破解，速度之快令人惊讶。

　　虽然这一类工具在恢复遗忘密码时可能颇为实用，但同样的技术也可能被恶意使用。因此，出于安全考虑，**不建议以单词作为密码**。因其通常来源于真实语言，容易被字典攻击成功识别和还原。

　　无论是字典攻击、暴力破解攻击，还是后文将介绍的撞库攻击，这些手段往往需要进行大量尝试。因此，一些服务提供方会设置"错误密码尝试次数限制"功能，如连续输错若干次密码后临时锁定账户。此外，采用第 23 讲介绍的"两步验证"，特别是将其与生物识别技术相结合，可有效降低密码泄露带来的安全风险。

# 第 50 讲　撞库攻击

**针对密码的攻击 ///**　　　　　　　　　　☑密码复用

　　当密码不得采用有意义的词语，必须由英文字母、数字和符号构成，并且还需要为多项服务分别设定不同密码时，很多用户为了方便，便倾向于在多项服务中复用同一组密码。笔者理解这种想法，但从信息安全的角度来看，此举存在较大风险。

　　设想用户在服务 A、B、C 和 D 中使用了相同的密码。如果服务 A 发生数据泄露事件，攻击者便可能获得该密码的明文内容。而这些泄露的信息通常会被收集、打包后在黑市中出售。

攻击者获取这类登录凭据后，便可利用它们对其他服务发起攻击。他们不需要随机尝试密码，而是使用这些"已被泄露过的用户名和密码组合"进行系统性登录尝试。如果服务 B、C、D 采用与服务 A 相同的账号和密码组合，那么遭到入侵的概率将大幅上升。

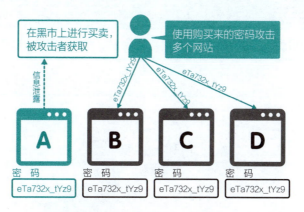

▲ 泄露的密码被用于攻击其他网站

这种利用其他平台泄露的账户信息，依照"用户名 + 密码"组合清单，在多项服务上逐一进行自动化登录尝试的攻击方式，被称为**撞库攻击**。

与字典攻击不同，撞库攻击不是基于公开字典推测密码，而是直接利用其他网站泄露的真实账户数据，因此命中率更高，危害性也更强。

正如之前反复强调的一样，防范撞库攻击的核心对策是：**切勿在不同网站或服务平台中复用相同的密码**。当前市面上已有许多免费的密码生成器，可帮助用户创建强壮、随机的密码；同时，还有密码管理器可安全存储并自动填充各类账户信息。合理使用这些工具，能够在提升安全水平的同时，减轻记忆上的负担。

# 第 51 讲　DoS 攻击与 DDoS 攻击

**DoS/DDoS 攻击 ///**　☑拒绝服务　☑机器人　☑C&C 服务器

　　"DoS"这一术语在媒体报道中时常出现，其全称为 "denial of service"（**拒绝服务**），即通过某种手段使目标服务器无法正常提供服务。DoS 攻击是 DDoS 攻击的前身，其基本原理是向目标服务器发送大量通信请求，造成服务器资源过载，进而宕机，无法响应正常用户的请求。

　　其中，最简单的攻击方式之一是不断刷新网页，如持续按下具有重新加载功能的 F5 键——俗称 **F5 攻击**。若在短时间内对目标服务器发起密集访问请求，将显著增大其负荷，导致 CPU、内存或网络资源耗尽，从而使服务器无法正常响应。这种现象被称为**服务器宕机**。宕机期间，用户将无法访问服务，如无法在电商平台进行购物，甚至网页内容都无法加载。

▲ DoS 攻击

若攻击源仅限于单一设备，服务方可通过中断该设备的通信予以应对。例如，可依据第 15 讲所述，通过识别攻击源的 IP 地址来实施拦截。然而，当攻击源分布于大量设备时，传统的拦截策略便无法奏效，这种情况便是所谓的"DDoS 攻击"。

发起 DDoS 攻击的攻击者控制多台计算机，同时向目标服务器发起大规模访问请求，从而加剧其负荷，实现拒绝服务的目的。由于攻击源范围广泛，涉及大量不同的 IP 地址，因此难以通过简单拦截来防御。

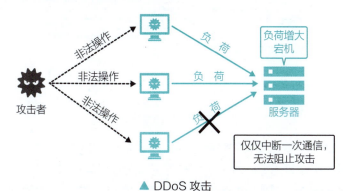

▲ DDoS 攻击

值得注意的是，DDoS 攻击使用的计算机大多并非攻击者本人所有，而是不知情用户的计算机。这些被恶意劫持的设备常因感染病毒或木马而成为**僵尸电脑**或**跳板主机**。这种攻击方式也被称为"跳板攻击",即攻击者间接利用第三方设备实施攻击。

此外,近年来不仅个人计算机会沦为僵尸设备,许多物联网(IoT)设备,如网络摄像头、智能家居终端等,也因缺乏完善的安全防护而易被攻击者入侵。这主要是因为 IoT 设备的初始密码简单,且更新机制不完善,极易被攻破。

2016 年,名为 <u>Mirai</u>(米拉伊)的恶意软件感染大量 IoT 设备,发起高强度的 DDoS 攻击,导致 Twitter、Netflix 等知名网站长时间无法访问,并由此引发了重大网络安全事件。

这类大规模攻击之所以能够协调一致地进行,是因为被感染的设备会接收来自特定控制平台的**指令**。这种用于下达攻击指令的服务器被称为 **C&C 服务器**(**命令与控制服务器**)。

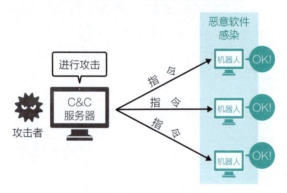

▲ C&C 服务器和机器人

僵尸电脑在感染恶意程序后,便会与 C&C 服务器建立通信通道,接收其指令,并在指定时间共同发起网络攻击。正是通过这样的控制机制,大量设备才能统一协作,构成威力巨大的DDoS 攻击网络。

# 第 ⑤② 讲 DDoS 攻击的对策

**DoS/DDoS 攻击 ///**　　☑WAF　☑CDN

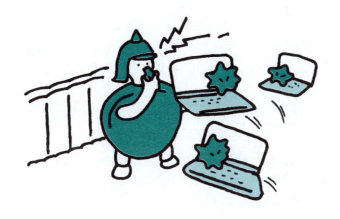

　　DDoS 攻击的对策主要由遭受攻击的一方，即服务提供方来实施。对策可以分为两类：一是**即便遭受攻击也能维持服务的可用性**；二是**尽可能减轻或阻断攻击流量本身**。

　　为了能够承受攻击带来的负荷，服务在开发阶段就应当考虑其"可承受的 DDoS 攻击强度"。DDoS 攻击通过大规模恶意流量耗尽服务器资源，迫使服务器宕机。因此，从原理上讲，系统资源越充足，抗压能力越强。

但若为了应对 DDoS 攻击而配置大量闲置资源，将造成日常运营中的资源浪费，因此设计阶段需在性能与成本之间做好平衡。

为了减小或阻断攻击流量，有必要识别并区分正常通信与恶意通信，仅对后者进行拦截。第 28 讲介绍的 IDS 和 IPS 可用于检测并自动阻断异常流量。此外，若服务为 Web 应用，**WAF（Web 应用防火墙）**是一种有效手段：不仅能应对 DDoS 攻击，还可防御注入攻击、缓冲区溢出攻击等针对安全漏洞的攻击。将 IDS/IPS、WAF 等安全机制结合，构建多层防御体系（参考第 32 讲）是当前较为推荐的策略。

除上述手段外，近年来广泛采用的 **CDN（内容分发网络）** 平台也被认为具备一定的抗 DDoS 能力。CDN 的原理是在网络各地部署内容缓存节点，即使某个源站服务器遭到攻击而宕机，用户也能从边缘节点获取内容，从而削弱攻击的影响。但如果 CDN 平台本身受损，可能造成大量依赖其服务的系统受到波及，因此 CDN 需具备高可用性与容错能力。

在这些防御机制中，普通用户能做的事情相对有限。当常用服务受到 DDoS 攻击时，用户除了保持耐心、避免上传不必要的请求，通常无法主动参与防御过程。

不过，值得注意的是，不少 DDoS 攻击是通过操纵大量终端设备组成"僵尸网络"来发起的。防止终端设备感染恶意软件、强化个人设备安全，也能从源头上减少其被用于 DDoS 攻击的可能，从而间接保护整体网络环境的安全。

# 第 53 讲 什么是注入攻击？

**注入攻击 ///**

☑非法输入　☑篡改

　　**注入攻击**是指攻击者通过向软件系统输入恶意内容，诱使系统执行非预期操作。这类攻击常利用系统对输入验证不严格的漏洞，嵌入恶意代码并执行，从而对数据安全和系统稳定性造成威胁。

　　以"贺卡自动生成功能"为例。假设某程序具有自动生成贺卡的功能，系统会将用户输入的内容嵌入到模板消息中，如"好久不见，大家还好吗？我〇〇。"其中"〇〇"为用户填写的部分。应用程序事先设定了若干合法的选项供用户选择。

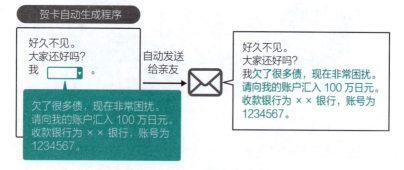

贺卡自动生成程序

好久不见。
大家还好吗?
我 [　　　▾]。

很　好
一　般
不　适

自动发送
给亲友 →

✉ ← 好久不见。
大家还好吗?
我**很好**。

▲ 贺卡自动生成应用程序

　　从一般用户角度来看,此功能看似没有问题。然而,攻击者可能绕过选择机制,直接输入恶意内容,如"我欠了很多债,现在非常困扰。请向我的账户汇入 100 万日元。收款银行为 × × 银行,账号为 1234567。"结果,该应用就会生成如下内容:

贺卡自动生成程序

好久不见。
大家还好吗?
我 [　　　▾]。

欠了很多债,现在非常困扰。
请向我的账户汇入 100 万日元。
收款银行为 × × 银行,账号为
1234567。

自动发送
给亲友 →

✉ → 好久不见。
大家还好吗?
我欠了很多债,现在非常困扰。
请向我的账户汇入 100 万日元。
收款银行为 × × 银行,账号为
1234567。

▲ 通过非法输入使服务提供方进行非预期操作

　　由此,一封带有欺诈信息的非预期贺卡被生成。像上述情况一样,注入攻击允许攻击者将非法字符串传入系统,进而被系统信任继而执行,不仅可能被用于欺诈,还可能被用于恶意篡改数据。

　　注入攻击通过传入恶意输入扰乱应用程序或服务器的正常逻辑流程。攻击者可借此获取敏感信息、篡改数据,甚至非法下载文件。因此，注入攻击不仅可能导致服务提供方遭受严重损失，还会对用户隐私和安全造成显著影响。

虽然通过伪造文本进行诈骗较易理解，但信息窃取或指令篡改的危害可能不容易被直观地感受到。为简化说明，前面的示例使用了自然语言，但现实中**被注入和执行的恶意内容通常是特定语言构造的指令**，如数据库查询语言（如 SQL）或操作系统命令。若系统对这类输入处理不当，攻击者就可能注入恶意命令，诱使系统执行本不应执行的操作。关于这类攻击涉及的语言和机制，详见第 54 讲和第 55 讲。

注入攻击不仅包括之后会提到的 SQL 注入和操作系统命令注入，还包括**跨站脚本**[①] **攻击（XSS）**。与数据库或操作系统相关的注入攻击不同，XSS 在用户浏览器上执行恶意脚本，可能被用于窃取账号凭据、伪造页面或进行未授权操作等。

用户可以采取的对策包括**保持浏览器和相关应用程序为最新版本、安装可信赖的安全软件、避免在不明网站随意输入个人信息**等。这些做法在多数网络攻击场景中都具备一定防护效果。

---

① 脚本是一种简易程序，通常用于在网站上实现相对复杂的功能，如弹出窗口、统计访客数量、动态内容更新等。尽管网页主要由 HTML 语言构建，但 HTML 只能用于定义网页的内容结构和静态信息，无法实现交互性或动态处理。为了增强网页功能，通常会借助脚本语言（如 JavaScript）来实现这些效果，从而提升用户体验和网站功能性。

# "等到需要时再学习"就太晚了

什么时候需要网络安全知识呢？

契机可能有很多，如"学校开始开设相关课程""需要参加信息类资格考试""在公司被任命为信息安全负责人"。然而，最让人强烈意识到"必须掌握网络安全知识和技能"的时刻，往往是在**亲身遭受网络攻击并因此蒙受损失**之后。

学习网络安全知识是为了预防安全事件的发生，或在事件发生后尽可能减小损失。因此，很多人只有在遭遇实际威胁时才意识到其重要性也不足为奇。然而，阅读本书的读者应该已经了解到，网络安全的内容极为广泛，涉及加密、认证、恶意软件、防护机制、网络监控，以及法律和政策等多个方面。全面掌握这些内容并非短时间内可以完成的任务。如果等到真正遇到安全事件后才开始学习，往往为时已晚。

许多经常使用 Web 服务的用户，可能都有类似经历：所用服务的密码或个人信息被泄露。如果缺乏网络安全意识，并且在多项服务中重复使用相同的密码，那么攻击者一旦获取其中一项服务的账户信息，就可能在其他平台发起非法转账、身份盗用等进一步攻击。但若**具备基本的网络安全知识**，则可以及时更改账户密码、启用两步验证等，**把潜在损失降到最低**。

如果本书的读者能够意识到网络攻击距离自己并不遥远，并逐步开始采取力所能及的防护措施，那么笔者将感到非常欣慰。

# 数据库和操作系统使用的语言

　　前文为方便起见，采用自然语言进行了说明。但在实际的注入攻击中，攻击者利用的往往是数据库查询语言（如 SQL）或操作系统命令等。

　　当应用程序与数据库进行交互时，通常会使用数据库操作语言 SQL（结构化查询语言）。相应的攻击方式被称为 **SQL 注入**。SQL 是一种用于从数据库中检索信息或修改数据的专用语言，广泛应用于 Web 应用等涉及数据访问的场景中。

　　例如，假设你通过智能手机的应用程序或浏览器登录网上银行。终端上的客户端程序会首先请求服务器上的应用程序进行处理，而在多数情况下，服务器端的程序又会访问数据库以获取所需数据。这是因为客户信息、账户资料、密码等核心数据均保存在数据库中。

　　服务器端的应用程序一般根据用户请求内容，动态生成SQL语句，并发送给数据库。这些语句通常是"查找满足某些条件的数据"的命令。然而，如果攻击者通过恶意输入干预SQL语句的构造过程，就可能诱导服务器执行超出原意的数据库操作。

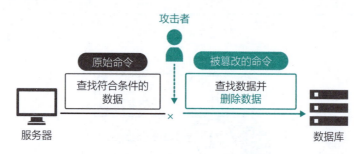

▲ 通过 SQL 注入篡改命令

　　例如，攻击者通过输入特殊构造的字符串，可能将原本用于验证身份的 SQL 查询语句变形为具有"删除数据"功能的命令，从而造成数据丢失或泄漏。**SQL 注入攻击**的实质，便是在数据库操作过程中，**通过注入恶意内容干扰查询逻辑**，从而达到非法读取或修改数据的目的。

　　除了 SQL 注入，还有操作系统命令注入。这类攻击发生于应用程序以系统权限调用操作系统命令时。**攻击者通过精心构造的输入，令程序执行本不应由用户控制的操作系统命令**，如打开系统文件、删除特定文件、远程上传恶意脚本等。

　　这类注入攻击的危害同样严重，可能导致权限被提升、数据被破坏或系统宕机，是应用安全设计中必须严加防范的重要一环。

注入攻击 ///　　　　　　　　　　　　　　☑修改 SQL 语句

　　注入攻击的基本原理可以通过以下流程来理解：假设存在一个 Web 应用，允许用户在输入表单中填写姓名，以查询并显示与该姓名匹配的用户信息。例如，当用户输入"山田"时，系统会在后台生成一条如下的 SQL 查询语句：

▲ Web 应用程序生成的 SQL 语句

在这条 SQL 语句中，"SELECT"表示**从数据库中查询数据**，"*"表示**获取表中的所有字段**，"FROM"**指定查询的表名**，"WHERE"**指定查询条件**为"name"字段等于"山田"。

典型的 Web 应用在处理用户请求时，会根据用户的输入构造上述 SQL 查询语句。这通常是通过简单的字符串拼接实现的。例如，后台代码可能看起来如下：

▲ 将每次变化的部分与其他部分连接起来以构造语句

正常情况下，当用户输入"山田"时，生成的 SQL 语句是安全且符合预期的。

然而，如果攻击者输入的不是一个正常的姓名，而是""；DELETE 表名 ；--"这样的字符串，则拼接成的完整 SQL 语句将变成下面这样：

新的命令被成功添加

删除表的命令

SELECT * FROM 表名 WHERE name = " " ;DELETE 表名 ;-- "

因为 " "" " 是空的，所以变成了 "查找 **name** 为空的数据" 的命令，语句已经完整

▲ 通过注入篡改命令的例子

如此一来，语句的含义发生了根本性变化：

- 语句 "SELECT * FROM 表名 WHERE name = """ 尝试查询 "name" 为空的记录，可能无任何实际输出；

- 语句 "DELETE 表名" 删除表中的所有记录；

- "--" 是 SQL 中的注释符，表示其后的内容将被忽略，从而避免语法错误。

通过这种方式，攻击者仅凭一个精心构造的输入，即可诱导程序执行破坏性操作，如删除整个数据表的内容。由于程序没有对用户输入进行有效过滤或校验，攻击者得以插入额外命令，形成所谓的 SQL 注入攻击。

**这种攻击可导致数据泄露、数据破坏**，甚至获取未经授权的系统权限，是 Web 应用开发中必须严防的重要安全漏洞。

# 第 56 讲 注入攻击的防御措施

**注入攻击** /// ☑绑定 ☑预处理语句 ☑参数

注入攻击是一种通过向程序中插入非预期的语句，从而实现篡改数据、破坏、泄露机密信息、非法登录或执行系统命令等恶意行为的攻击方式。**防止注入攻击的基本原则是，确保应用程序所构造的命令结构不被用户输入所改变。**

以第 55 讲中的 SQL 注入案例为例，攻击者通过输入精心构造的字符串，在原本用于数据查询的 SQL 语句中插入了非法的删除命令，从而篡改了语句的执行逻辑，实现了非预期的操作。

如果应用程序的设计初衷是仅执行查询操作，那么就应确保语句只能进行数据读取，不允许执行数据删除、插入或更新等操作。实现这一目标的方法之一，是改变应用程序与数据库交互时的命令生成方式。

许多编程语言和数据库操作接口，都提供了一种名为预处理语句的机制。这种机制允许开发人员将 SQL 语句的结构固定下来，只保留特定位置用于**参数**输入。随后，用户所提供的数据会被当作参数绑定到预定义的语句结构中。

例如，当输入内容包括 " ";DELETE　表名 ; - - " 这样的恶意命令时，由于参数不会被解释为命令的一部分，而只是作为普通的值处理，整条 SQL 语句的结构得以保留，不会被擅自更改。这就有效防止了攻击者通过输入添加新的命令语句。

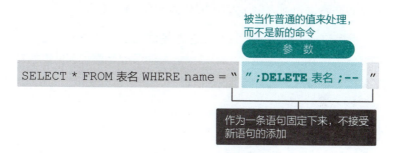

被当作普通的值来处理，而不是新的命令

参　数

SELECT * FROM 表名 WHERE name = " ";**DELETE** 表名 ; - - "

作为一条语句固定下来，不接受新语句的添加

▲ 通过预处理语句固定语句含义

参数始终只是"值"，在这个例子中，它只能起到指定"name"的作用。即使尝试通过 " ; "等添加新的命令语句，这些内容也会被当作参数处理，而不是新的命令语句。这种机制被称为参数绑定。

参数绑定机制的核心优势在于:

- 明确区分"代码"和"数据";

- 拒绝将用户输入作为代码解释;

- 避免手动拼接字符串带来的安全隐患。

因此,如果开发者在编写程序时,充分利用预处理语句与参数绑定等安全机制,那么应用程序将能够有效抵御 SQL 注入攻击。

然而,普通用户并无法得知所使用的 Web 服务是否采用了这些安全措施,也无从检查应用程序内部的实现方式。因此,**用户层面可采取的防护措施十分有限**。在注入攻击场景中,开发者负有主要的安全责任,必须在开发阶段就采取必要的防御机制,防止攻击者通过输入绕过逻辑并实施破坏。

简言之,防止 SQL 注入攻击的关键在于,开发人员应主动构建安全的输入处理机制,用户只能被动承担后果,因此系统安全必须在设计与开发阶段加以实现。

# 第 57 讲　内存破坏攻击

**缓冲区溢出攻击** ///　　　☑内存　☑地址　☑缓冲区

　　当我们查阅漏洞数据库公开的漏洞报告信息时，经常会看到类似"通过此漏洞，第三方可执行任意程序"的描述。攻击者可以在你的智能手机或计算机上执行任意程序，这几乎等同于你的设备被完全接管，隐私、安全乃至财产都会受到严重威胁。

　　接下来要介绍的**缓冲区溢出攻击是一种典型的内存破坏攻击**。它的基本原理是通过向程序输入超出预分配缓冲区容量的数据，覆盖相邻内存区域的关键数据结构（如函数返回地址、函数指针或异常处理链），从而劫持程序控制流，并诱导其执行攻击者预设的恶意命令或现有代码片段（ROP 链），最终实现权限提升、任意代码执行或系统宕机（DoS）。

要理解这种攻击，我们首先需要了解内存的基本概念。

**内存**是计算机中用于临时存储数据的关键部件，被划分为众多区域，每个区域都具有唯一的**地址**（类似门牌号），用于程序读写。几乎所有现代计算机系统均采用"存储程序计算机"架构，即程序指令和数据被统一存放在同一个内存空间。

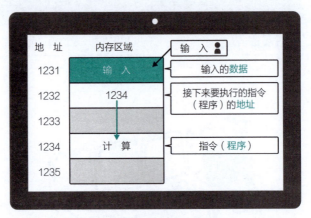

▲ 内存中同时存放着数据和程序

缓冲区溢出攻击的核心在于，当程序没有妥善检查输入数据的大小时，攻击者可以构造一段超出缓冲区容量的数据，将本应写入地址 1231 的数据"溢出"到地址 1232 及后续位置，覆盖关键控制信息（如返回地址）。这样一来，当程序按照流程试图跳转到下一条指令时，就会跳转到攻击者伪造的新地址，从而触发预先注入的恶意程序代码。

# 第 58 讲　使缓冲区溢出①：异常终止

**缓冲区溢出攻击 ///**　　　　　　　☑缓冲区　☑非法输入

在程序设计中，用于接收用户输入的内存区域被称为**缓冲区**。缓冲区的大小由程序员在编写程序时设定，通常用于限制用户输入数据的最大长度。如果程序设定最多接收 8 个字符的输入，就会为其在内存中分配一个可以存储 8 个字符的缓冲区。

在下图中，深灰色区域表示的缓冲区可容纳 4 个字符的数据。如果用户输入的数据超过 4 个字符，如输入了 8 个字符，则超出缓冲区容量的数据将"溢出"到内存中相邻的区域。

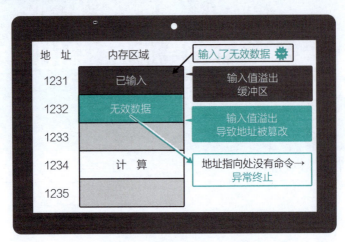

| 地　址 | 内存区域 | |
|---|---|---|
| 1231 | 已输入 | 输入了无效数据 ✿<br>输入值溢出<br>缓冲区 |
| 1232 | 无效数据 | 输入值溢出<br>导致地址被篡改 |
| 1233 | | |
| 1234 | 计　算 | 地址指向处没有命令→<br>异常终止 |
| 1235 | | |

▲ 缓冲区溢出导致的异常终止

　　本应在溢出区域地址 1232 存储的是程序用于跳转控制的关键信息，如下一条应执行命令的地址。但由于数据溢出的发生，原有内容被覆盖，跳转地址被替换为无效地址，也就是说，程序将试图去执行一个并不存在或不合法的内存地址中的内容。

　　由于计算机程序是按照预设顺序逐条执行命令的，如果跳转到一个无效或空白的地址，那么程序将无法继续其原有逻辑，通常会抛出内存异常，最终导致应用崩溃或终止运行。

　　缓冲区溢出攻击正是利用了这一机制。攻击者故意向缓冲区输入超出预期长度的数据，导致溢出并破坏关键控制信息。虽然某些情况下攻击者的目标是使程序执行其注入的恶意代码，但即便未达到控制程序执行流程的目的，单纯导致程序崩溃也属于攻击行为的一种。

　　这一攻击手段的危险性不仅在于程序终止所带来的业务中断，更在于它可能为进一步的攻击（如远程代码执行）提供入口。因此，缓冲区溢出是软件安全漏洞中最为基础且严重的问题之一，程序开发过程中应特别关注内存边界控制和输入校验等。

第 **59** 讲

# 使缓冲区溢出②：
# 地址的改写

**缓冲区溢出攻击** ///      ☑篡改    ☑DDoS 攻击    ☑僵尸网络

    在前面介绍的异常终止示例中，缓冲区溢出导致程序跳转到一个无效地址，引发崩溃。如果在此基础上稍作"改进"，攻击者不仅可以使程序中止，还能实现更具威胁性的目标——执行任意程序。

    攻击者首先构造一段精心设计的输入数据，使其超出缓冲区的容量，从而导致缓冲区溢出。溢出数据的一部分内容会写入本应存储"下一步要执行的指令地址"的位置（如内存地址1232）。攻击者将该地址替换为一个由其控制的、自定义程序代码的起始地址。随后，攻击者会将自定义程序代码（如恶意指令）作为输入的一部分附加在缓冲区之后的内存区域。这些代码可以是执行非法操作的机器指令，如打开远程访问权限、下载和运行病毒、建立后门等。这样一来，当程序按照被篡改的跳转地址执行下一条指令时，就会跳转到攻击者提供的内存位置，直接运行其注入的恶意代码。通过这种方式，攻击者便可完全控制程序的执行流程，并实现其目标。

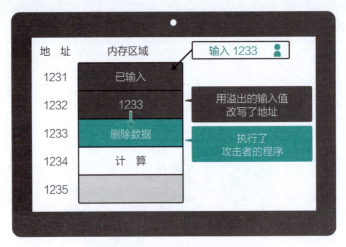

▲ 通过缓冲区溢出执行任意程序

在 2000 年发生的一起影响重大网络攻击事件中，攻击者正是通过缓冲区溢出**获取了多个日本政府机构网站的管理权限**，包括科学技术厅与总务省等关键部门，随后篡改了这些网站的内容。此外，近年来还有报告称，攻击者利用缓冲区溢出漏洞使计算机或物联网设备感染恶意软件，并将其**纳入由多个受控设备组成的僵尸网络，用于发动 DDoS 攻击**。

缓冲区溢出的发生，通常是由于程序在设计时缺乏对输入数据长度的有效检测，未能正确限制输入范围，从而向内存中写入了原本不应被修改的区域。这类可预防的安全漏洞应在开发阶段就被识别和杜绝。

第 60 讲　缓冲区溢出攻击的防御措施

缓冲区溢出攻击 ///　　　　　　　　　☑编程注意事项　☑库

　　为预防缓冲区溢出等内存安全漏洞，开发者应在系统设计与程序编写阶段采取多项防御措施。

- 输入数据长度检查：对用户输入的所有数据进行严格的长度验证，确保其不会超过缓冲区的预设容量。可以通过显式指定最大输入长度或使用专门的安全函数实现。

- 检测并处理数据溢出：一旦检测到输入数据超出缓冲区限制，应立刻终止处理，及时抛出异常或返回错误信息，防止程序继续执行非法操作。

- 限制执行权限：将用户输入数据所占用的内存区域设置为

不可执行，即使恶意代码被写入内存，也无法被运行。该机制一般由操作系统的内存保护功能（如 DEP）实现。

- 地址空间布局随机化（ASLR）：使程序内部的各类数据、代码和栈地址在每次运行时进行随机分配，避免攻击者通过固定地址精确定位关键位置，从而提高攻击难度。

缓冲区溢出漏洞的发生并不完全依赖攻击者的技术手段，也受编程语言和所使用的函数的影响。例如，C 和 C++ 语言由于直接操作内存、缺乏内建的边界检查机制，使用某些函数（如 gets、strcpy、sprintf 等）容易引发缓冲区溢出。而 Java、Python 等具备自动内存管理的语言则相对不易遭受此类攻击。

然而，这并不意味着 C 和 C++ 是"危险"的语言。事实上，它们作为现代软件系统中广泛使用的核心语言，拥有诸多优势和广阔的应用场景。因此，完全避免使用 C/C++ 开发并不现实。针对其安全风险，开发者可以编写具备严密边界检查的程序逻辑；使用更加安全的库函数（如 strncpy、snprintf 等）；引入专门的静态或动态检测工具，提升代码质量；采用可以自动进行边界控制的安全库辅助开发。

如第 52 讲所述，在 Web 应用场景中部署 WAF 可有效降低攻击者通过网页输入触发漏洞的风险。不过，缓冲区溢出攻击方式不断演化，目前已存在多种复杂变体，如返回导向编程（ROP）等。因此，完全防止所有形式的缓冲区溢出攻击仍不现实。

对普通用户而言，虽然无法直接控制程序内部实现，但仍可通过以下方式减少自身受攻击的风险：保持操作系统与应用程序及时更新，安装官方安全补丁；安装并定期更新可信的安全防护软件；关注安全漏洞数据库等官方通报，及时了解新发现的应用安全漏洞。